U0155271

杨鹏飞 著

零基础小白快速上手
有经验人士轻松提升

零基础学

Python

+

ChatGPT

Python
+
ChatGPT
入门级教程

河北科学技术出版社

·石家庄·

图书在版编目（ＣＩＰ）数据

零基础学 Python+ChatGPT / 杨鹏飞著 . -- 石家庄：
河北科学技术出版社 , 2024.2

ISBN 978-7-5717-1886-2

Ⅰ . ①零… Ⅱ . ①杨… Ⅲ . ①软件工具 – 程序设计②
人工智能 Ⅳ . ① TP311.561 ② TP18

中国国家版本馆 CIP 数据核字 (2024) 第 039230 号

零基础学 Python+ChatGPT
LING JICHU XUE Python+ChatGPT

杨鹏飞　著

责任编辑	李　虎	
责任校对	徐艳硕	
美术编辑	张　帆	
封面设计	优盛文化	
出版发行	河北科学技术出版社	
地　址	石家庄市友谊北大街 330 号（邮编：050061）	
印　刷	河北万卷印刷有限公司	
开　本	710mm×1000mm　1/16	
印　张	16.25	
字　数	226 千字	
版　次	2024 年 2 月第 1 版　2024 年 2 月第 1 次印刷	
书　号	ISBN 978-7-5717-1886-2	
定　价	79.00 元	

PREFACE
前　言

　　在信息科技时代背景下，人类与机器的交互日益紧密，以人工智能为代表的新一代信息技术已成为推动时代发展和社会进步的重要力量。

　　Python 作为一种简洁明了、灵活多变的编程语言，被广泛应用于数据分析、机器学习、网站开发等众多领域，是世界上较受欢迎的编程语言之一。而 OpenAI 公司的 Chat GPT 则是人工智能中的佼佼者，具有强大的自然语言处理和对话生成能力。两者的结合，可以让人们以更高效、直观的方式解决问题，同时为人们的创新提供无尽的可能。

　　本书属于计算机程序设计方面的专业图书。全书以 Python 编程技术和 ChatGPT 应用为研究对象，详细介绍了 ChatGPT 的内涵、应用现状和前景，探究了 Python 的数据类型、语句规范、相关函数、复合数据类型，以及面向对象的思想。对编程技术的具体应用进行了探究，旨在通过互动实践，帮助读者逐步加深对 Python 和 ChatGPT 的理解和应用，快速提升技术水平和理论认知，对从事程序设计、人工智能等领域的学习人员和专业技术人员具有一定学习和参考价值。

　　世界正在快速变化，编程与人工智能领域的知识更新更是瞬息万变。笔者希望，本书不仅能帮助读者获得现有的知识，还能激发读者的好奇心和探索欲，让他们在不断地学习中，走在科技的前沿。

　　本书在写作过程中，与 ChatGPT 的问答截图均为自动生成，可能存在不足或错误指出，还请广大读者斧正。

作者

2023 年 10 月

CONTENTS

目　录

第1章
ChatGPT 的含义

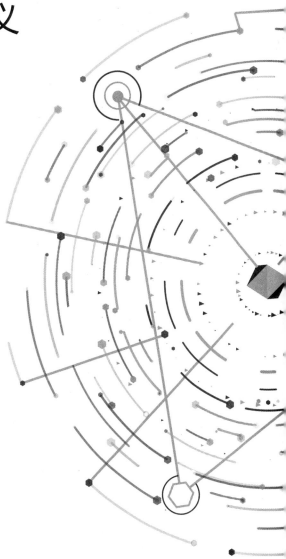

1.1　什么是 ChatGPT

ChatGPT 的来源

ChatGPT 在 2020 年年底"突然"就火爆全球，有人用它写论文拿到了全班最高分，有人用它帮助自己通过了公司面试，还有人用它赚取了大量的财富。那么，ChatGPT 到底是什么？

ChatGPT 是由美国一家名为 OpenAI 的公司创造的，是基于记忆强化的大语言模型的人工智能技术，用于生成文字，它可以通过对大量语料库进行训练模拟人类语言，从而回答问题、生成文本、完成任务等。

ChatGPT 的主要特性

ChatGPT 以 Python 为主要开发语言。

ChatGPT 通过大规模语料库进行训练，这些语料库包含了真实世界中的对话，所以 ChatGPT 不但能做到上知天文下知地理，还能通过关联上下文来与使用者进行互动。

ChatGPT 可以在和使用者的聊天中不断学习，可以根据使用者过去的互动和偏好，做出个性化的回答。

　　ChatGPT 能够理解和响应多种语言的输入，这使得它不仅仅局限于某个国家或地区，而是适用于大多数国家。另外，ChatGPT 可以同时和多个用户进行对话。

ChatGPT 的优缺点

　　任何事物都有优点和缺点，ChatGPT 也不例外。

　　ChatGPT 的优点见表 1-1。

表 1-1　ChatGPT 的优点

ChatGPT 的优点	解　释
应用领域广泛	ChatGPT 可以应用于多个领域，比如客服、教育、金融、社交等，具有较强的灵活性和适应性
更高的智能与创造性	ChatGPT 有着强大的学习和创造能力，甚至可以生成诗歌、小说、新闻报道等
更拟人化的对话	ChatGPT 可以生成更加拟人化的文本与使用者进行对话

　　ChatGPT 的缺点见表 1-2。

表 1-2　ChatGPT 的缺点

ChatGPT 的缺点	解　释
训练难度大	ChatGPT 需要大量的数据进行训练，并且对数据的多样性和质量也有着较高要求
生成信息虚假性	ChatGPT 可能会创造不存在的知识
社会争议	ChatGPT 自广泛应用以来，有大量人员认为可能被用来实施网络攻击

如何注册 ChatGPT 账号

随着人工智能技术和自然语言处理技术的不断发展和进步，ChatGPT 在智能客服、对话系统等多个领域的应用前景都比较广阔。

我们可以将 ChatGPT 用于文本生成、情感分析等，从而提高自己的技能，若是不能熟练使用，在未来可能会被时代抛弃，所以熟练使用 ChatGPT 尤为重要。

使用 ChatGPT 的方法（Quora 渠道）如下：

（1）先登录网站 https://accounts.google.com/signup，注册一个谷歌账号，如图 1-1 所示。

图 1-1　Google 注册界面

（2）登录网站 poe.com 进行注册（使用自己的谷歌账号）。

（3）注册成功后登录即可使用，如图 1-2 所示。

图 1-2　ChatGPT 主界面

1.2　如何对 ChatGPT 提问

　　ChatGPT 会根据上下文来回答我们的问题，所以有时我们需要开启一个新的对话避免受到之前对话的影响，点击"New Chat"即可开启新的对话，如图 1-3 所示。

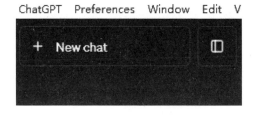

图 1-3　开启新对话

在网上，有关"弱智吧"大战 ChatGPT 的新闻一直受到很多人的关注，原因就在于将"弱智吧"提问的问题输入 ChatGPT 后，得到的答案往往出乎人们的预料，这里就不得不提对 ChatGPT 进行提问的艺术了，只有掌握了正确的提问方法，才能得到我们想要的答案，才能更好地利用 ChatGPT 来帮助我们。

Prompt 工程：prompt 有提示的意思，ChatGPT 模型就是基于 prompts 进行对话生成的。用户可以提供一段对话作为 prompt，模型将根据这个对话生成连贯的回应。

在和 ChatGPT 的对话中，我们提问的问题应该做到见表 1-3。

表 1-3　提问的正确示例和错误示例

	问题明确无歧义	问题具体不宽泛	问题简洁扼要
正确示例	我想买一个苹果手机	我要一份蛋炒饭，不要辣，在这吃	我想去理发
错误示例	我想买一个苹果	我要一份炒饭	现在天太热，所以我打算去做个手术把我身体的无用群体组织切除一部分

比如，有对夫妻想在暑假带着孩子去旅游，想让 ChatGPT 推荐一些景点，应该怎么问？

错误示例：给我推荐一些景点。

正确示例：我们一家三口在 7 月份想去山东旅游 3 天，给我推荐一些景点，我们打算把花销控制在 3 000 元以内，景点要适合 12 岁的孩子。

针对这两个问题 ChatGPT 有不同的回答，如图 1-4、图 1-5 所示。

AM　给我推荐一些景点。

当然！以下是几个值得一游的景点，根据您所在的世界不同，这些景点可能会有所不同：

1. 爱琴海，希腊：爱琴海地区拥有美丽的海滩、迷人的岛屿和悠久的历史。您可以参观圣托里尼岛的蓝顶教堂，探索雅典的卫城，或者在克里特岛上品味美食。
2. 大堡礁，澳大利亚：大堡礁是世界上最大的珊瑚礁系统，拥有丰富多样的海洋生物和令人叹为观止的水下世界。您可以潜水、浮潜或乘船游览，亲身体验这个壮观的自然奇观。
3. 纳米比亚沙漠，纳米比亚：纳米比亚沙漠是世界上最古老、最干燥的沙漠之一，拥有令人难以置信的沙丘、星空和独特的动植物。您可以驾驶越野车在沙丘上穿行，参观索索斯维莱沙漠和德尔夫特国家公园。

图 1-4　错误提问方式的回答

AM　我们一家三口在7月份想去山东旅游三天，给我推荐一些景点，我们打算把消费控制在3000元以内，景点要适合12岁的孩子。

在山东旅游三天且控制在3000元以内，并适合12岁孩子的景点，我为您推荐以下几个：

1. 泰山：作为中国五岳之一，泰山是山东的著名景点之一。您可以选择搭乘缆车或徒步攀登泰山的主峰，感受壮丽的山景和历史文化。
2. 青岛：青岛是一座美丽的海滨城市，拥有金沙滩、栈桥和德国风情街等景点。您可以在海滩上玩耍，游览栈桥并品尝青岛啤酒。
3. 孔庙和孔府：位于曲阜的孔庙和孔府是中国儒家文化的重要象征，也是世界文化遗产。您可以在这里了解孔子和儒家思想，参观古老的建筑和文物。
4. 泰山影视城：位于泰安市的泰山影视城是中国最大的影视拍摄基地之一，也是许多古装影视剧的取景地。您可以在这里观赏表演、参观电影拍摄场景。
5. 济南趵突泉：趵突泉是济南的标志性景点之一，被誉为"泉城第一泉"。您可以欣赏泉水喷涌的景象，还可以游览趵突泉公园和历史文化街区。

图 1-5　正确提问方式的回答

又如，你是一名老师，想用 ChatGPT 来给学生出题，应该怎么问？

错误示例：给我的学生出一份练习题。

正确示例：你现在是一名数学老师，给小学五年级的学生出 10 道练习题，要求有 5 道选择题，3 道填空题和 2 道应用题，开始吧。

针对这两个问题 ChatGPT 有不同的回答，如图 1-6、图 1-7 所示。

AM　给我的学生出一份练习题。

当然！以下是一份数学练习题：

1. 一个矩形的长是12厘米，宽是8厘米。计算其面积和周长。
2. 解方程：$2x + 5 = 17$
3. 计算以下分数的乘积：$(3/5) \times (2/3)$
4. 某物品原价为80元，打了20%的折扣。请计算打折后的价格。
5. 某班级有25名学生，其中15名是男生。请计算女生在班级中的比例。

图1-6　错误提问方式的回答

AM　你现在是一名数学老师，给小学五年级的学生出一份有着十道题的练习题，要求有五道选择题，三道填空题和两道应用题，开始吧。

当然！以下是一份符合你要求的小学五年级数学练习题：

选择题：

1. 以下哪个数是偶数？
   a) 17
   b) 24
   c) 33
2. 如果一周有7天，那么3周有多少天？
   a) 10
   b) 17
   c) 21
3. 用数字填空：$9 \times \_\_ = 63$

图1-7　正确提问方式的回答

　　大家也可多试几次，相同的问题用不同的方法提问，看看ChatGPT会给出什么答案。

　　我们可以让ChatGPT来扮演某种角色并回答问题，这种提问方式有一个很好用的格式：角色＋背景＋问题，如图1-8所示。

AM　你现在将扮演辛弃疾，要跟辛弃疾一样回答我的问题，现在你在官场上不如意，被贬到了边境，用文言文抒发下自己心情，开始吧

岁月如剑，又一年梦回江湖，我辛弃疾，孑然一身，搁浅于此荒芜之地。嗟乎！明哲皇朝，如何贬我于此，而我志在青云，奈何天意如此？如昔日烟水茫茫，鸿鹄之志，犹存我心。

凭栏回首，我身若浮萍，飘飘何定，沉浮于世，顺逆不已。明心见性，然无常主之江山，有谁知我心中之苦？欲泣未泣，满目落英皆成疾。疾风知劲草，板荡知识见人心，然吾独行其是，奈何？

望斷天涯，边草连天，哀鸿遍野，我心如刀割。衣带渐宽终不悔，为伊消得人憔悴。曾几何时，手提酒壶，词酒趁年华，笑傲江湖。如今，贬谪边境，空有一腔词酒，无人共赏。

春风如剪，夜深人静，月明星稀。夜深人静，我在天地之间，聆听风的声音，看着月的痕迹，梦回江南。我辛弃疾，奈何不能自由如风，只能独酌无相酒，对月长歌。

昔人已乘黄鹤去，此地空余黄鹤楼。黄鹤一去不复返，白云千载空悠悠。黄鹤之去，白云之悠，犹我之心，漂泊无依。飘飘何所似？天地一沙鸥。

孤独似我心，仰望星空，胸有丘壑，悲歌可以咏。江山代有才人出，各领风骚数百年，我辛弃疾，遗骨何在？唯愿世人明白，我未尝不是英雄，只是英雄无处使英勇而已。

图 1-8　ChatGPT 模仿辛弃疾

从 ChatGPT 的回答中，我们可以看到 ChatGPT 可以很好地进行模仿。

需要注意的是，我们在问一些问题时，如果 ChatGPT 不知道的话，它可能会胡编乱造，所以我们对其回答盲目地相信，如图 1-9 所示。

AM　为什么诸葛亮去世的时候刘备没有哭泣呢？

根据历史记载和文学作品中的描述，刘备在诸葛亮去世时没有表现出强烈的悲伤和哭泣的原因有多个解释。

首先，刘备和诸葛亮之间有着师徒之情，但他们的关系并不仅仅是个人情感上的依恋，更多地是建立在政治和军事合作的基础上。刘备可能更多地将诸葛亮视为重要的顾问和战略家，而不仅仅是一个亲密的朋友。因此，他可能更多地以政治和国家的角度看待诸葛亮的离世，而不是个人的悲伤。

其次，刘备是一个有着坚定意志和深思熟虑的人。在诸葛亮生前，他们已经讨论过诸葛亮去世后的继任者问题，并在世间事务上有所准备。因此，刘备可能已经为诸葛亮的离世做好了心理准备，他可能认为过度悲伤和哭泣不利于处理接下来的政治和军事事务。

此外，历史记载也提到刘备在得知诸葛亮去世后，非常沉痛地叹了一口气，对身边的人说："孤真的失去了一位良师啊！"这可能表达了他对诸葛亮的悲痛之情，虽然没有哭泣，但这种表达方式也可以被视为一种悲伤和哀悼。

最后，值得注意的是，历史中的事件和人物的描写往往会被后人的解释和演绎所影响，因此不同的历史文献和文学作品可能对刘备对诸葛亮去世的反应有所不同的描述。因此，对于为什么刘备没有哭泣，可能没有一个确定的答案，而是涉及到多种因素和解释。

图 1-9　ChatGPT 胡编乱造的回答

我们知道刘备先于诸葛亮去世，所以在诸葛亮去世的时候，刘备已经不在人世，根本不可能哭泣，但是 ChatGPT 依然在介绍原因，如果我们不了解两人去世的时间，很容易被其误导。

第 2 章
ChatGPT 的应用

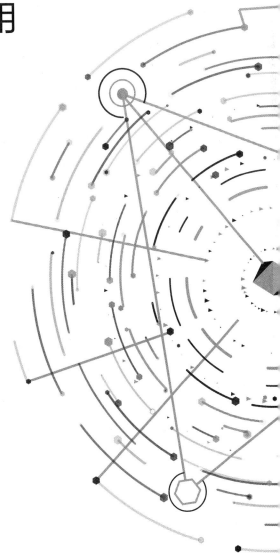

2.1 使用 ChatGPT 给女朋友写情书

很多人在给自己的对象写情书时，会面临除了直接夸奖好看、漂亮外，无法写出有着独特风格的高质量情书，但是，ChatGPT 可以帮人们解决这个问题，而且 ChatGPT 可以使用不同的风格，利用不同的素材来写情书。

比如，我是个网球运动员，想把网球运动的魅力写进给女朋友的情书里，如图 2-1 所示。

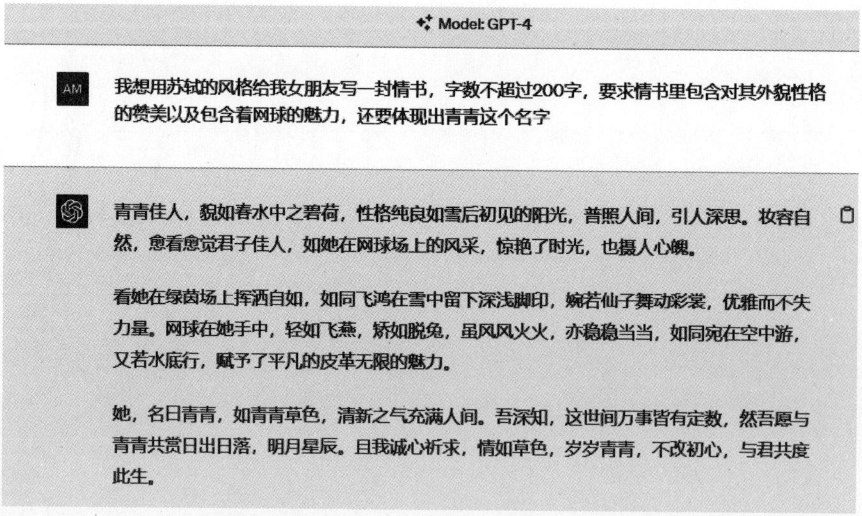

图 2-1 ChatGPT 所写的带有网球的情书

　　由此可以看出 ChatGPT 写的情书有着苏轼的风格，这是一篇很好的情书，我们只需要稍加改动甚至不用改动就可以使用。

　　比如，现在我在天山，想把天山的元素写进给女朋友的情书里，并且用李白的风格，如图 2-2 所示。

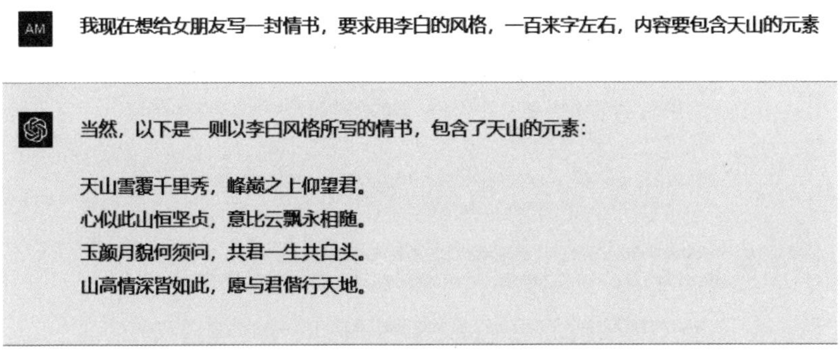

> **AM**　我现在想给女朋友写一封情书，要求用李白的风格，一百来字左右，内容要包含天山的元素

> 　　当然，以下是一则以李白风格所写的情书，包含了天山的元素：
>
> 　　天山雪覆千里秀，峰巅之上仰望君。
> 　　心似此山恒坚贞，意比云飘永相随。
> 　　玉颜月貌何须问，共君一生共白头。
> 　　山高情深皆如此，愿与君偕行天地。

图 2-2　ChatGPT 所写的带有天山的情书

　　由此可以看出 ChatGPT 写的情书有着李白的风格，而且是以诗的形式写出来的，若是觉得不满意还可以让 ChatGPT 多写几份，直到满意为止。

　　当然，如果你觉得使用苏轼或者李白的风格有些花哨，你也可以让 ChatGPT 先告诉你一些知名的有着朴素语言的情书，然后再让其根据其中的风格来帮你写，如图 2-3 所示。

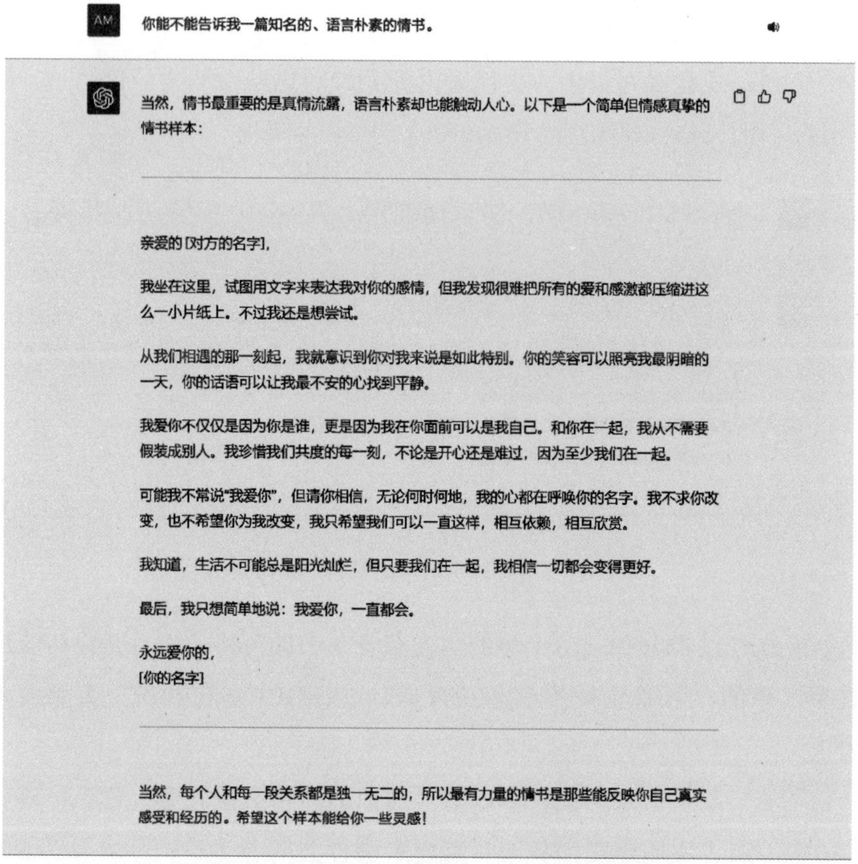
AM 你能不能告诉我一篇知名的、语言朴素的情书。

当然，情书最重要的是真情流露，语言朴素却也能触动人心。以下是一个简单但情感真挚的情书样本：

亲爱的 [对方的名字]，

我坐在这里，试图用文字来表达我对你的感情，但我发现很难把所有的爱和感激都压缩进这么一小片纸上。不过我还是想尝试。

从我们相遇的那一刻起，我就意识到你对我来说是如此特别。你的笑容可以照亮我最阴暗的一天，你的话语可以让我最不安的心找到平静。

我爱你不仅仅是因为你是谁，更是因为我在你面前可以是我自己。和你在一起，我从不需要假装成别人。我珍惜我们共度的每一刻，不论是开心还是难过，因为至少我们在一起。

可能我不常说"我爱你"，但请你相信，无论何时何地，我的心都在呼唤你的名字。我不求你改变，也不希望你为我改变，我只希望我们可以一直这样，相互依赖，相互欣赏。

我知道，生活不可能总是阳光灿烂，但只要我们在一起，我相信一切都会变得更好。

最后，我只想简单地说：我爱你，一直都会。

永远爱你的，
[你的名字]

当然，每个人和每一段关系都是独一无二的，所以最有力量的情书是那些能反映你自己真实感受和经历的。希望这个样本能给你一些灵感！

图 2-3　ChatGPT 所写的语言朴素的情书

上方的情书模板比较适合互相认识有一段时间，但是一直没有表露心迹的男生。

除了男生给女生写情书，ChatGPT 还可以以女生的视角来给男生写情书，比如一名女生想给自己在边境当兵的男朋友写一封情书，这时就可以把自己想表达的情感告诉 ChatGPT，让它来帮忙写一封情书，如图 2-4 所示。

AM　你好，我的男朋友是一名军人，一直在边境当兵，我很想想念他，想给他写一封情书，但是我不想让他因为我分心，你来帮我写一封情书，600字左右，要求包含我对他的相思之情以及以他为骄傲的情感

当然，我非常理解你想表达的深情和关注。以下是一封可能符合你需求的情书：

亲爱的[男朋友的名字]，

在这寂静的夜里，我的心远在边境的你。正如每一滴墨水都融合着我深深的思念，我想你已经习惯了我这种常常喜欢用文字来传达情感的方式。但今晚，我意识到无论我如何选词，都无法完全表达我对你的思恋和骄傲。

每当听说你的新消息，无论是一次成功的任务还是日常的小事，我都为你感到无比骄傲。你选择了一条充满责任和风险的道路，你的勇气和坚持让我深感敬意。我知道，选择成为一名军人意味着要面对无数未知和困难，但你总是能咬紧牙关、坚守岗位。你是我的英雄，不仅因为你穿上了军装，更因为你那不屈不挠的精神。

虽然距离和时间常常让我感到孤独，但思念也有它美丽的一面。它让我更加珍惜我们一起度过的时光，让我更加明白你在我生命中的重要性。每当我想到那些我们一起分享的小幸福，像是相互凝视的瞬间，手牵手的温暖，或者是一起欣赏星空的宁静，我都能找到前进的力量。

我理解，你的任务远比这封信重要。我并不希望这些文字让你分心，而是希望它们能给你带来一丝安慰和力量。在你面临困难或疲惫时，想到这里有一个人，永远支持你、等待你。

我们每个人都有自己的战场，虽然我的战场上没有枪声炮火，但我仍在以自己的方式，为这段关系和未来奋斗。我以你为骄傲，同时也希望你能以我为骄傲。

最后，我只想告诉你，不管你身在何处，我的心都和你在一起。请务必保重，期待那一天我们可以无拘无束地相聚。

深情地，
[你的名字]

希望这封信能准确地表达你的感情和思念。注意根据你自己的情况进行适当的调整。祝你们的爱情长久。

图 2-4　ChatGPT 所写的带有情感的情书

有 ChatGPT 这样的帮写情书"神器"，不管你想要李白风格的情书，还是徐志摩风格的情书，抑或是泰戈尔风格的情书，ChatGPT 都可以满足你的需求，帮你把内心的情感用合适的语言表达出来。

2.2　使用 ChatGPT 给宝宝起名

不论是现实生活中还是网络上，给宝宝起名是一个不错的技能，在抖音、淘宝等一些平台，甚至有人通过给宝宝起名字得到了一笔可观的钱财。

在我国，给宝宝起名是一件要求较高的事情，因为需要考虑许多因素，而集结了人类智慧的 ChatGPT，可以很好地胜任这个工作，如果利用得当，我们也可以在网上注册一个账号，专门给宝宝起名字，来赚取外快。

如何给孩子起名字，我们可以用这个模板：现在你是一个起名字的大师，给宝宝起名字，要求考虑性别、音韵美感以及宝宝家人对宝宝的期望，下面是我提供的宝宝信息。

> 出生日期：2023 年 6 月 16 日，北京时间 13 点 45 分
> 性别：女
> 姓氏：王
> 家人期望：希望孩子平平安安健健康康长大，将来成为一名科学家报效祖国。
> 根据信息和要求给出带着姓氏的五个名字，并结合音韵、家人期望等对名字进行解析。

现在我们来试一下，如图 2-5 所示。

首先，根据宝宝的出生日期计算生辰八字和五行。出生日期：2023年6月16日，北京时间13点45分，转换为农历是2023年5月6日。此日的天干地支为癸亥，五行属水。13点45分在子时，属水，与生日相符。由此，孩子的五行偏重水。理论上来说，五行平衡是最好的，那么可以在名字中增加火和土的元素。

家人对宝宝的期望是她能够平平安安健健康康长大，将来成为一名科学家报效祖国。这显示了孩子家庭的高远期待，同时也反映了家庭对孩子健康和安全的关注。

结合以上信息，以下是我为宝宝提供的五个带有姓氏的名字和解析：

1. 王安瑶：安是平安的安，瑶是瑶琳、瑶池之意，也有贵人的含义，暗含期望孩子平平安安，且能得贵人之助，有出人头地之意。瑶的五行为火，有助于五行平衡。
2. 王明岚：明代表明亮，科学需要用光明的头脑去探索未知，岚是山岚，代表土，帮助五行平衡。整体寓意希望她能明智且稳固，为科学事业献身。
3. 王炎心：炎代表火，有助于五行平衡，也暗含着激情和活力，心有包容、理解和亲和力的寓意，希望她能充满热情，用爱心去研究科学，服务人类。
4. 王研晶：研意味着研究，晶象征清晰、透明，也寓意珍贵。整个名字暗含希望她投身于科学研究，创造出珍贵的成果。研的五行属土，有助于五行平衡。
5. 王秉璃：秉意为持有，也有秉公、秉诚的意思，璃则象征着宝石，也含有火元素，有助于五行平衡。名字寓意她能秉公秉诚，成为科学领域的一颗璀璨之星。

以上只是建议，实际起名还需考虑到家庭文化、信仰和个人喜好等因素。祝宝宝平安健康，未来一切顺利！

图 2-5　ChatGPT 所给出的 5 个名字

从图 2-5 中 ChatGPT 给出的答案来看，这 5 个名字都是不错的，而且每个名字的后面，都带有对这个名字的解释，每个名字中，不仅有家长对孩子的期望，还蕴含着许多因素。

如今在一些网络购物平台上有很多给宝宝起名字的店铺，随便一搜就有很多，这些店铺收费有高有低，但是就算那些收费高的店铺，按照上述要求来起名字，也不一定比上图中的名字好。

依靠 ChatGPT 的这个起名字的功能，我们可以在自己的网店中接到单子后把客户的要求整理到模板中发给 ChatGPT，让其给出相对应的名字以及解释。

如果客户对名字不满意可以让 ChatGPT 再给出一些名字，比如可以让其起一些两个字的名字或者四个字的名字，如图 2-6 所示。

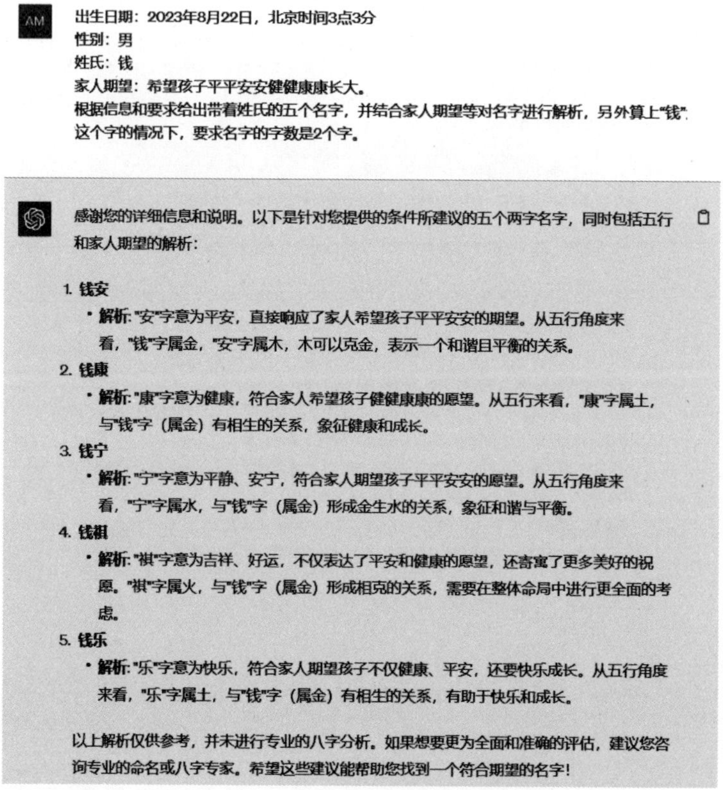

AM 出生日期: 2023年8月22日，北京时间3点3分
性别: 男
姓氏: 钱
家人期望: 希望孩子平平安安健健康康长大。
根据信息和要求给出带着姓氏的五个名字，并结合家人期望等对名字进行解析，另外算上"钱"
这个字的情况下，要求名字的字数是2个字。

感谢您的详细信息和说明。以下是针对您提供的条件所建议的五个两字名字，同时包括五行
和家人期望的解析：

1. 钱安
   - 解析: "安"字意为平安，直接响应了家人希望孩子平平安安的期望。从五行角度来
     看，"钱"字属金，"安"字属木，木可以克金，表示一个和谐且平衡的关系。
2. 钱康
   - 解析: "康"字意为健康，符合家人希望孩子健健康康的愿望。从五行来看，"康"字属土，
     与"钱"字（属金）有相生的关系，象征健康和成长。
3. 钱宁
   - 解析: "宁"字意为平静、安宁，符合家人期望孩子平平安安的愿望。从五行角度来
     看，"宁"字属水，与"钱"字（属金）形成金生水的关系，象征和谐与平衡。
4. 钱祺
   - 解析: "祺"字意为吉祥、好运，不仅表达了平安和健康的愿望，还寄寓了更多美好的祝
     愿。"祺"字属火，与"钱"字（属金）形成相克的关系，需要在整体命局中进行更全面的考
     虑。
5. 钱乐
   - 解析: "乐"字意为快乐，符合家人期望孩子不仅健康、平安，还要快乐成长。从五行角度
     来看，"乐"字属土，与"钱"字（属金）有相生的关系，有助于快乐和成长。

以上解析仅供参考，并未进行专业的八字分析。如果想要更为全面和准确的评估，建议您咨
询专业的命名或八字专家。希望这些建议能帮助您找到一个符合期望的名字！

图 2-6 ChatGPT 所给出的两字名字

如果你觉得名字的解释不够透彻，你也可以让 ChatGPT 对某个名字
进行详细的解析，比如你可以让 ChatGPT 对名字"钱祺"进行详细地解
析，如图 2-7 所示。

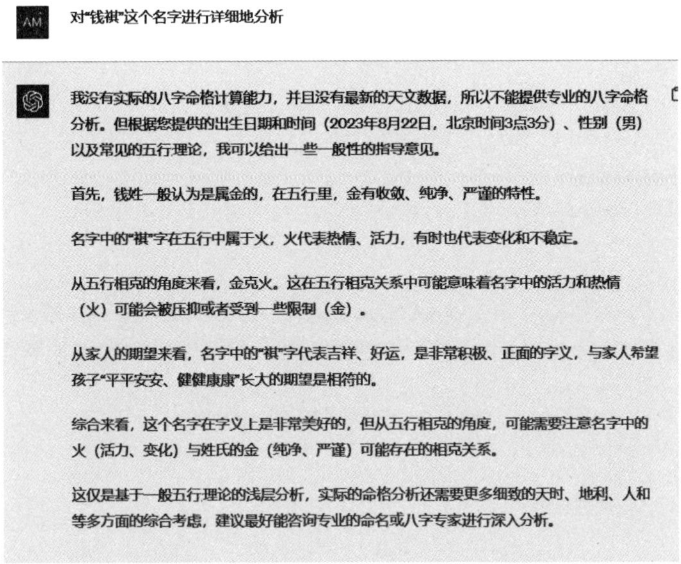

图 2-7　ChatGPT 对名字的详细解释

有着 ChatGPT 这样的起名字神器，无论是给自家孩子起名字，还是在网上给别人起名字赚外快，都是不错的选择。

（注：以上部分内容仅用于测试使用，全方位展示 ChatGPT 能力，请相信科学，反对迷信）

2.3　把 ChatGPT 当作一名不知疲倦的老师

我们很难找到这样一位老师，你可以不停地询问他，从各种角度询问他，老师都会耐心且不知疲倦地告诉你答案，但是 ChatGPT 可以做到。我们可以把其当作一个不知疲倦的、上知天文下知地理的、知识渊博的、耐心的老师。

我们可以使用探索式的方法对 ChatGPT 进行提问，所谓探索式，就是在提问问题后在对方的答案中还有不解从而对不解之处进行追问，直到全部明白为止，如图 2-8、图 2-9、图 2-10 所示。

AM　**什么是ChatGPT**

ChatGPT 是一种基于GPT-3.5架构的大型语言模型，由 OpenAI 开发。GPT 代表 "Generative Pre-trained Transformer"（生成式预训练转换器），它是一种基于 Transformer 模型的神经网络架构。ChatGPT 被训练用于自然语言处理任务，如对话生成、问答系统和语言理解。

图 2-8　开始询问 ChatGPT

AM　**什么是大型语言模型**

大型语言模型是指经过大规模训练的神经网络模型，用于处理自然语言处理（NLP）任务。这些模型通常基于深度学习技术，例如循环神经网络（RNN）或转换器（Transformer）架构。

图 2-9　第一次追问 ChatGPT

AM　**什么叫转换器架构**

转换器（Transformer）架构是一种用于处理序列数据的深度学习模型架构，特别适用于自然语言处理（NLP）任务。它在2017年被提出，并且在近年来取得了显著的成果。

图 2-10　第二次追问 ChatGPT

我们可以不断地向 ChatGPT 追问，而 ChatGPT 永远也不会感到厌烦。

ChatGPT 还可以给我们解答在学校学习中遇到的问题，如图 2-11 所示。

AM　我现在对高中数学的向量章节掌握不好，你帮我详细讲解下吧，要求有例题的讲解

T　当然，向量是一种在数学中十分重要的概念，尤其在物理、工程和计算机科学中有广泛的应用。以下是关于向量的基本介绍和一些例题解释。

向量的基本概念

向量具有大小（长度）和方向，通常用箭头表示。它可以在空间中自由移动而不改变自己的性质。

向量可以表示为 $\mathbf{a} = (a_1, a_2, \ldots, a_n)$，其中 n 是向量的维数。在二维空间中，向量通常表示为 $\mathbf{a} = (a_1, a_2)$，在三维空间中，它表示为 $\mathbf{a} = (a_1, a_2, a_3)$。

向量的基本运算

1. **向量加法：** 两个同维数的向量相加，相应分量分别相加。如：$\mathbf{a} + \mathbf{b} = (a_1 + b_1, a_2 + b_2)$。
2. **向量减法：** 两个同维数的向量相减，相应分量分别相减。如：$\mathbf{a} - \mathbf{b} = (a_1 - b_1, a_2 - b_2)$。

图 2-11　ChatGPT 解释向量的知识点

　　ChatGTP 还可以总结考试的重要知识点，就拿历史学科举例子，张三现在要参加中考，但是不知道中考历史的主要考点是什么，这时张三可以让 ChatGPT，对中考历史的考点进行总结，然后把其中考频最高的 20 个发给他，如图 2-12 所示。

你好，我现在要参加河北省的中考了，你能不能把河北省中考历史学科的重要知识点总结
好，然后把其中考频最高的20个知识点发给我

你好！虽然我不能准确地预测哪些知识点在河北省的中考历史学科中最有可能出现，我还是可以给你一个一般性的重要知识点列表。请注意，你应该参考最近的中考大纲和样卷以获得最精确和最相关的信息。

1. **夏商周三代制度** - 商王朝和西周的分封制，东周的诸侯制。
2. **战国七雄** - 了解战国时代的七个主要国家和它们的特点。
3. **儒家思想** - 孟子与孔子的教导。
4. **法家思想** - 如韩非子，商鞅的法律改革。
5. **秦始皇统一六国** - 包括统一度量衡、文字。
6. **汉朝的开放和封建** - 汉武帝与"罢黜百家，独尊儒术"。
7. **三国演义与真实历史** - 曹操、刘备、孙权的角色。
8. **贞观盛世** - 唐太宗始终实现的改革。
9. **五代十国与宋朝的统一** - 了解宋朝的经济和文化发展。
10. **元明清三朝对比** - 各自的统治特点和与民族问题的关系。
11. **明朝的海禁政策** - 郑和下西洋与海禁的关系。
12. **清朝的衰败因素** - 包括鸦片战争和列强的侵略。
13. **太平天国运动** - 其社会背景和影响。
14. **洋务运动与戊戌变法** - 两者的异同和成败原因。
15. **辛亥革命** - 结束了长达两千多年的封建制度。
16. **中华民国的建立与北洋政府** - 了解孙中山的三民主义。
17. **抗日战争** - 了解重要战役和中国与外界的关系。
18. **民国与共和国之间的过渡** - 比如解放战争，土地改革。
19. **建国后的改革** - 如土地改革、大跃进、文化大革命。
20. **改革开放** - 邓小平的角色，以及经济和社会的快速发展。

这个列表是一个起点，建议你根据自己的教科书和中考大纲进行进一步的深入研究。祝你中考顺利！

图 2-12　ChatGPT 总结较高考频的知识点

　　在辅导学习方面，ChatGPT 还有另一种使用方法，它不仅可以帮我们把重要知识点罗列出来，还可以以考查这些知识点为目的出题，如图 2-13、图 2-14 所示。

AM　关于清朝的衰败因素这个知识点，你来帮我出两道中考难度的选择题，先不要告诉我答案，等我把自己的答案发给你后你再把解析发给我。

当然，下面是关于清朝衰败因素的两道中考难度的选择题：

选择题 1

清朝衰败的原因中，以下哪项不是因为外部势力导致的？
A. 鸦片战争
B. 外国列强的瓜分
C. 内忧外患
D. 农民起义如太平天国运动

选择题 2

哪位清朝皇帝统治期间，鸦片战争爆发，并导致了清朝逐渐衰败？
A. 康熙
B. 道光
C. 乾隆
D. 光绪

请把你的答案发给我，然后我会提供详细的解析。祝你做题顺利！

图 2-13　ChatGPT 所给出的两道选择题

AM　第一题选D，第二题选B

很好，现在让我们来看一下每道题的解析。

选择题 1 解析

正确答案是 D：农民起义如太平天国运动。

这一题测试你对清朝衰败原因中内外因素的理解。A、B、和C 选项都是由外部势力导致的原因。鸦片战争（A选项）和外国列强的瓜分（B选项）都是外部因素。"内忧外患"（C选项）通常也包括外部势力的威胁。然而，太平天国运动（D选项）是一个内部原因，主要是由于社会不公和官僚腐败引发的。

选择题 2 解析

正确答案是 B：道光。

这个问题考察的是你对清朝历史特定时间点的知识。鸦片战争是在道光皇帝的统治下爆发的，而不是康熙、乾隆或光绪。

你答对了所有问题，很棒！这显示你对清朝衰败因素有很好的理解。继续加油，祝你中考顺利！

图 2-14　ChatGPT 对答案的点评

ChatGPT 除了可以根据知识点出题，还可以帮助我们解析不会解答的题。当我们有不知如何解答的题时，可以把题发给 ChatGPT，让它来解析这道题，比如当我们有英语题不会做时就可以求助 ChatGPT，如图 2-15 所示。

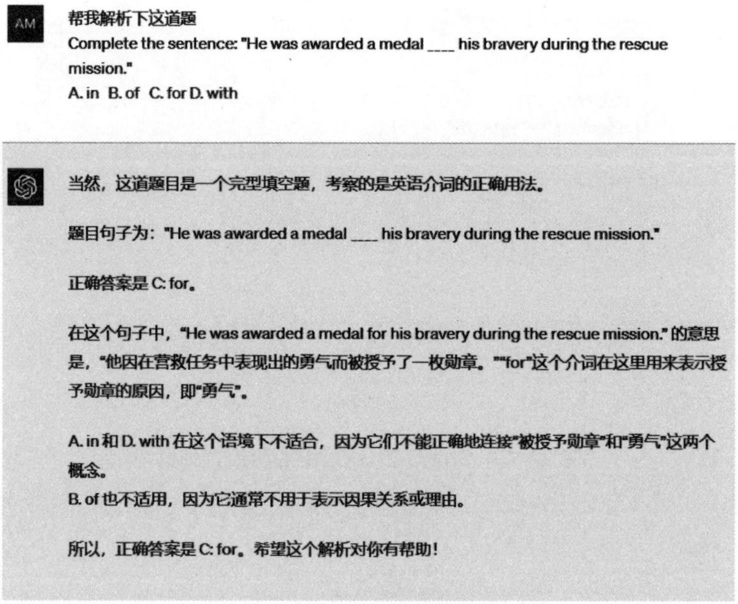

图 2-15　ChatGPT 解答英语题

我们在将自己不明白的题发送给 ChatGPT 之后，如果想找一些类似的习题来对刚刚所学知识点进行巩固，不用再费力去网上或者书店进行搜寻，让 ChatGPT 给出一些类似的习题即可，如图 2-16 所示。

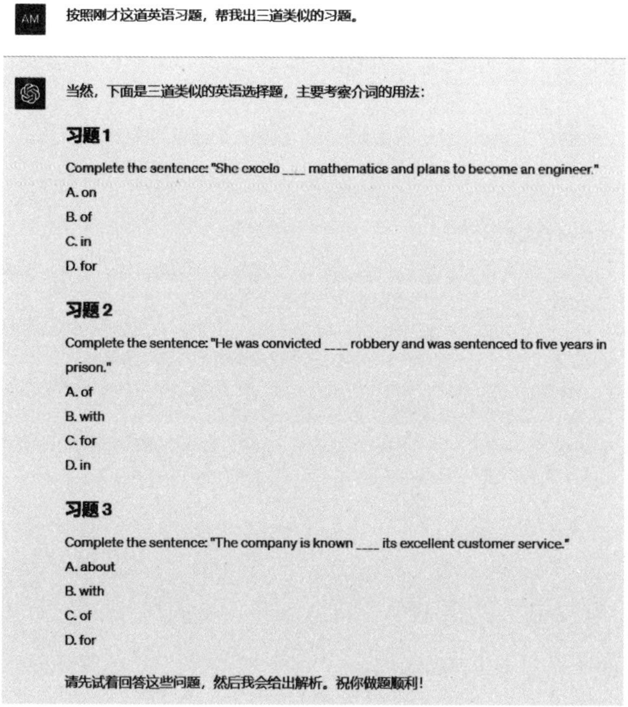

AM　按照刚才这道英语习题，帮我出三道类似的习题。

当然，下面是三道类似的英语选择题，主要考察介词的用法：

习题1

Complete the sentence: "She excels ____ mathematics and plans to become an engineer."
A. on
B. of
C. in
D. for

习题2

Complete the sentence: "He was convicted ____ robbery and was sentenced to five years in prison."
A. of
B. with
C. for
D. in

习题3

Complete the sentence: "The company is known ____ its excellent customer service."
A. about
B. with
C. of
D. for

请先试着回答这些问题，然后我会给出解析。祝你做题顺利！

图 2-16　ChatGPT 给出相似习题

2.4　把 ChatGPT 当作私人法律顾问

在日常生活中，我们经常遇见法律相关事情，如果使用浏览器在网上搜索这些事情，很难得到有建设性的建议，如果去找律师又会很麻烦，这时我们可以选择 ChatGPT。ChatGPT 比搜索引擎好很多，我们可以对其进行询问，让对方给自己一些法律方面的建议。

比如，我使用了一张图片后，有人找到我说这张图片是他的，我没有授权，这时我该怎么办呢，如图 2-17 所示。

AM 当我使用了一张图片后有人找到我说这张图片是他的我没有授权，这时我们该怎么呢

如果有人声称你使用的图片是他们的并且你没有得到授权，建议你采取以下步骤：

1. 保持冷静：不要恐慌或做出冲动的回应。保持冷静有助于处理这种情况并寻找合理的解决方案。
2. 确认来源：回顾你使用图片的来源，确定你获得图片的途径。如果你是从一个合法的来源获取的，例如公共图片库或授权的网站，确保你能提供相关的证据和链接。
3. 沟通和解释：与声称图片是他们的人进行沟通，并解释你获取图片的过程和授权情况。提供相关的证据和合理的解释，以证明你的使用是合法的。
4. 调查证据：如果对方坚持声称拥有图片的权利，你可以要求他们提供证据来支持他们的主张。要求提供原始的拍摄或创作证明、版权登记或其他相关的证据。

图 2-17　ChatGPT 给出相应建议

比如，当我被人无端诬陷造谣，却不知该怎么办时，我可以询问 ChatGPT，如图 2-18 所示。

AM 我被人无端诬陷造谣却不知该怎么办，我该怎么用法律的武器来保护自己呢

对不起听闻你正面临这样的困境。请注意，我不是一名法律专家，所提供的信息仅供参考。以下是一些可能的一般步骤和建议：

1. **保留证据：** 首先，你应该尽可能收集和保存所有与事件有关的证据，如文字记录、图像、录像等。这些可能会在法律程序中作为证据使用。
2. **寻求法律咨询：** 考虑与一名律师或法律顾问联系，以便了解适用于你所在司法管辖区的具体法律。他们可以为你提供针对你具体情况的专业建议和指导。
3. **与对方沟通：** 在律师的建议下，你可能会选择与对方沟通，以尝试解决问题。请注意，任何沟通应在法律专家的建议和/或监督下进行。
4. **报告相关机构：** 在某些情况下，你可能需要将情况报告给适当的执法或监管机构。
5. **法律诉讼：** 如果无法通过其他方式解决问题，你可能会考虑采取法律诉讼。请务必与一名有资质的律师合作，以了解最佳的法律途径。
6. **保持冷静：** 虽然这种情况可能令人感到沮丧和沉重，但保持冷静和专注将有助于你有效地应对情况。
7. **心理支持：** 这样的经历可能会对你的情感造成影响。考虑寻找朋友、家人或专业人士的支持，以便在此过程中得到情感上的援助。
8. **权衡风险和收益：** 在追求法律诉讼之前，与你的律师讨论可能的风险和收益，以确定最佳的行动方案。

请注意，每个情况都是独特的，所以最好是与一名了解你所在地区法律的专业人士沟通，以获得适合你具体情况的建议和指导。

图 2-18　ChatGPT 回答如何用法律武器保护自己

比如，当我们在结婚前，应该走哪些法律程序？这也可以询问 ChatGPT，如图 2-19 所示。

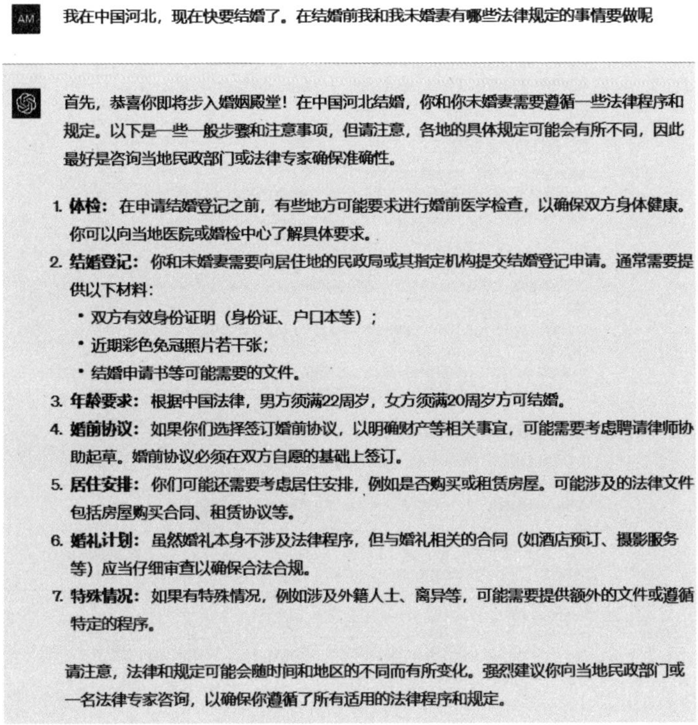

AM 我在中国河北，现在快要结婚了。在结婚前我和我未婚妻有哪些法律规定的事情要做呢

首先，恭喜你即将步入婚姻殿堂！在中国河北结婚，你和你未婚妻需要遵循一些法律程序和规定。以下是一些一般步骤和注意事项，但请注意，各地的具体规定可能会有所不同，因此最好是咨询当地民政部门或法律专家确保准确性。

1. **体检：** 在申请结婚登记之前，有些地方可能要求进行婚前医学检查，以确保双方身体健康。你可以向当地医院或婚检中心了解具体要求。
2. **结婚登记：** 你和未婚妻需要向居住地的民政局或其指定机构提交结婚登记申请。通常需要提供以下材料：
   - 双方有效身份证明（身份证、户口本等）；
   - 近期彩色免冠照片若干张；
   - 结婚申请书等可能需要的文件。
3. **年龄要求：** 根据中国法律，男方须满22周岁，女方须满20周岁方可结婚。
4. **婚前协议：** 如果你们选择签订婚前协议，以明确财产等相关事宜，可能需要考虑聘请律师协助起草。婚前协议必须在双方自愿的基础上签订。
5. **居住安排：** 你们可能还需要考虑居住安排，例如是否购买或租赁房屋。可能涉及的法律文件包括房屋购买合同、租赁协议等。
6. **婚礼计划：** 虽然婚礼本身不涉及法律程序，但与婚礼相关的合同（如酒店预订、摄影服务等）应当仔细审查以确保合法合规。
7. **特殊情况：** 如果有特殊情况，例如涉及外籍人士、离异等，可能需要提供额外的文件或遵循特定的程序。

请注意，法律和规定可能会随时间和地区的不同而有所变化。强烈建议你向当地民政部门或一名法律专家咨询，以确保你遵循了所有适用的法律程序和规定。

图 2-19　ChatGPT 回答与结婚相关法律问题

对于大部分年轻人来说，买房是绕不开的一道人生程序，那么在买房过程中，会遇到的法律相关的问题有哪些？如果不清楚的话就可以让 ChatGPT 来告诉你，如图 2-20 所示。

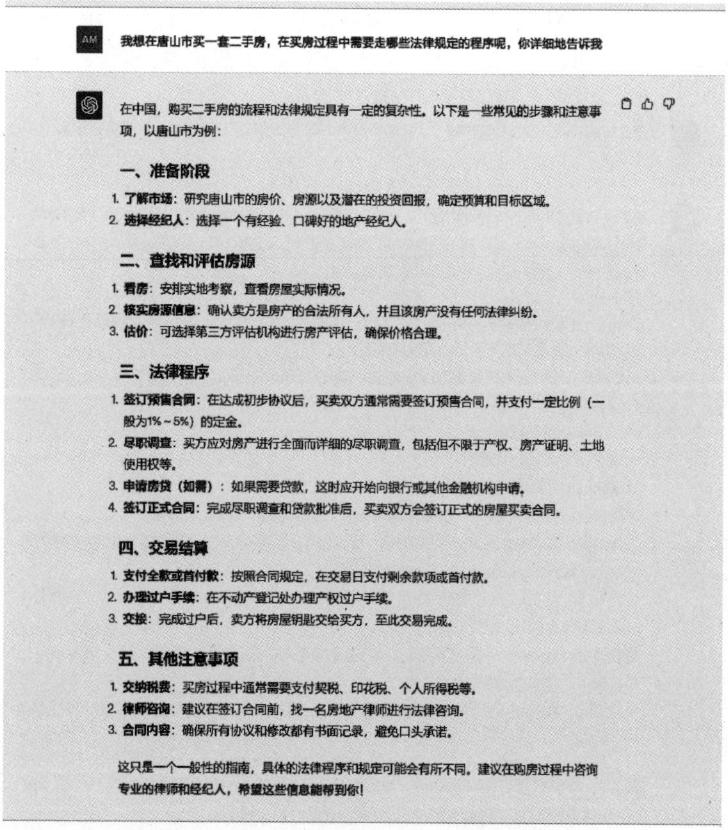

AM 我想在唐山市买一套二手房，在买房过程中需要走哪些法律规定的程序呢，你详细地告诉我

在中国，购买二手房的流程和法律规定具有一定的复杂性。以下是一些常见的步骤和注意事项，以唐山市为例：

一、准备阶段

1. **了解市场**：研究唐山市的房价、房源以及潜在的投资回报，确定预算和目标区域。
2. **选择经纪人**：选择一个有经验、口碑好的地产经纪人。

二、查找和评估房源

1. **看房**：安排实地考察，查看房屋实际情况。
2. **核实房源信息**：确认卖方是房产的合法所有人，并且该房产没有任何法律纠纷。
3. **估价**：可选择第三方评估机构进行房产评估，确保价格合理。

三、法律程序

1. **签订预售合同**：在达成初步协议后，买卖双方通常需要签订预售合同，并支付一定比例（一般为1%～5%）的定金。
2. **尽职调查**：买方应对房产进行全面而详细的尽职调查，包括但不限于产权、房产证明、土地使用权等。
3. **申请房贷（如需）**：如果需要贷款，这时应开始向银行或其他金融机构申请。
4. **签订正式合同**：完成尽职调查和贷款批准后，买卖双方会签订正式的房屋买卖合同。

四、交易结算

1. **支付全款或首付款**：按照合同规定，在交易日支付剩余款项或首付款。
2. **办理过户手续**：在不动产登记处办理产权过户手续。
3. **交接**：完成过户后，卖方将房屋钥匙交给买方，至此交易完成。

五、其他注意事项

1. **交纳税费**：买房过程中通常需要支付契税、印花税、个人所得税等。
2. **律师咨询**：建议在签订合同前，找一名房地产律师进行法律咨询。
3. **合同内容**：确保所有协议和修改都有书面记录，避免口头承诺。

这只是一个一般性的指南，具体的法律程序和规定可能会有所不同。建议在购房过程中咨询专业的律师和经纪人，希望这些信息能帮到你！

图 2-20　ChatGPT 回答与买房相关的法律问题

随着人们法律意识的不断增强，有一个像 ChatGPT 这样的私人法律顾问，是一件非常有必要的事情，这不仅可以节省大量咨询律师的费用，还可以节省大量的宝贵时间。

2.5　使用 ChatGPT 进行自身的职业规划

我们有时需要对自己的职业进行规划，但是却不知从何处下手，尤其是从网上查找资料时，会遇到各种各样的真真假假的信息，ChatGPT 可以很好地解决这个问题，它可以给出建议，分析哪个行业工资更高待遇更好，对于从事某个行业的要求，它都可以更精准地给出答复。

比如，我们让其给出未来最挣钱的十大行业，如图 2–21 所示。

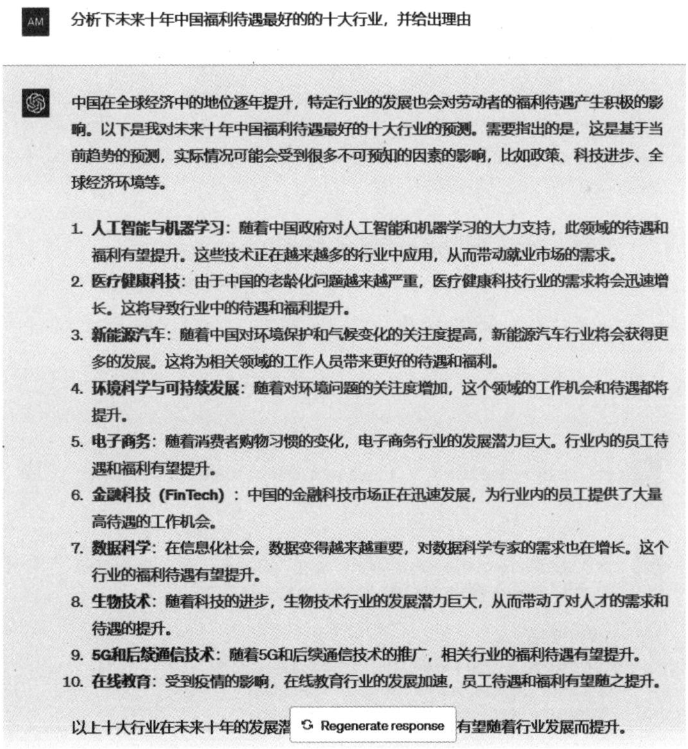

AM　分析下未来十年中国福利待遇最好的的十大行业，并给出理由

中国在全球经济中的地位逐年提升，特定行业的发展也会对劳动者的福利待遇产生积极的影响。以下是我对未来十年中国福利待遇最好的十大行业的预测。需要指出的是，这是基于当前趋势的预测，实际情况可能会受到很多不可预知的因素的影响，比如政策、科技进步、全球经济环境等。

1. **人工智能与机器学习**：随着中国政府对人工智能和机器学习的大力支持，此领域的待遇和福利有望提升。这些技术正在越来越多的行业中应用，从而带动就业市场的需求。
2. **医疗健康科技**：由于中国的老龄化问题越来越严重，医疗健康科技行业的需求将会迅速增长。这将导致行业中的待遇和福利提升。
3. **新能源汽车**：随着中国对环境保护和气候变化的关注度提高，新能源汽车行业将会获得更多的发展。这将为相关领域的工作人员带来更好的待遇和福利。
4. **环境科学与可持续发展**：随着对环境问题的关注度增加，这个领域的工作机会和待遇都将提升。
5. **电子商务**：随着消费者购物习惯的变化，电子商务行业的发展潜力巨大。行业内的员工待遇和福利有望提升。
6. **金融科技（FinTech）**：中国的金融科技市场正在迅速发展，为行业内的员工提供了大量高待遇的工作机会。
7. **数据科学**：在信息化社会，数据变得越来越重要，对数据科学专家的需求也在增长。这个行业的福利待遇有望提升。
8. **生物技术**：随着科技的进步，生物技术行业的发展潜力巨大，从而带动了对人才的需求和待遇的提升。
9. **5G和后续通信技术**：随着5G和后续通信技术的推广，相关行业的福利待遇有望提升。
10. **在线教育**：受到疫情的影响，在线教育行业的发展加速，员工待遇和福利有望随之提升。

以上十大行业在未来十年的发展潜 Regenerate response 有望随着行业发展而提升。

图 2–21　ChatGPT 列举的十大行业

我们还可以选择某个行业让 ChatGPT 进行详细的介绍，如图 2-22 所示。

AM　从政策和发展趋势仔细说下新能源和环保行业发展前景

新能源和环保行业在全球范围内都是非常重要的发展领域，特别是在中国，这一领域正在迅速扩张。以下是关于新能源和环保行业在中国的发展前景的详细分析，从政策和发展趋势两个方面考虑。

一、政策支持：

1. **国家战略定位：** 在中国政府的多个五年规划和战略文件中，新能源和环保都被明确列为重点发展领域。
2. **减排目标：** 中国已承诺实现"双碳"目标，即碳达峰和碳中和。这一目标将推动新能源和环保技术的广泛采用。
3. **政府补贴和税收优惠：** 为推动新能源和环保行业的发展，政府提供了许多补贴、贷款便利和税收优惠。
4. **法规监管：** 政府正在实施更严格的环保法规，以减少污染和促进可持续发展，从而推动环保技术和产品的发展。

二、发展趋势：

1. **清洁能源的增长：** 随着对减少化石燃料依赖的需求增加，太阳能、风能、水能等清洁能源的开发和利用将继续增长。
2. **电动汽车市场：** 电动汽车（EV）市场正在迅速扩张，推动了电池技术和充电基础设施的发展。

图 2-22　ChatGPT 详细介绍新能源和环保行业

比如，你现在是一名大学生，想了解自己所学专业在毕业后都可以从事什么工作，这时就可以让 ChatGPT 来告诉你，如图 2-23 所示。

AM　你好，我现在是一名大三的学生，学习的是海洋环境保护专业，请问我在毕业后可以从事哪些方向的工作呢？

你好！学习海洋环境保护专业为你打开了多种职业道路。这一领域跨越科学、政策和管理等多个方面，因此你有多种选择。以下是一些可能的工作方向：

科研与咨询

1. **海洋生物学家：** 研究海洋生物体系，评估人类活动对海洋生态的影响。
2. **环境咨询师：** 为公司或政府提供环境影响评估、风险评估等。
3. **海洋地质学家：** 研究海底地质构造，例如石油和天然气储层。

图 2-23　ChatGPT 给出的就业方向

政府与非营利组织

1. **环境政策分析师**：分析和建议有关海洋保护的政策。
2. **海洋保护区经理**：管理和维护海洋保护区或海洋公园。
3. **环境教育与宣传**：在非营利组织或教育机构工作，提高公众对海洋环境问题的认识。

企业界

1. **企业社会责任经理**：在多国企业或大公司中，负责管理与环境保护相关的项目。
2. **环境健康与安全经理**：负责公司内环境标准的执行和维护。
3. **可持续发展经理**：推动企业在生产过程中采用更环保的方法。

其他

1. **环境记者**：为媒体撰写关于海洋和环境保护的文章。
2. **数据分析师**：分析环境数据，以监测和评估生态系统健康状况。
3. **旅游业**：在生态旅游或冒险旅游公司工作，推广并实施可持续旅游实践。

这些只是冰山一角，每个方向都有其子专业和需求。最好的建议是，在大学期间多进行实习或志愿者工作，以了解自己最感兴趣和最适合的领域。同时，考虑进一步学习或获得相关证书，以增加自己在职场的竞争力。祝你前程似锦！

图 2-23 （续）

在了解了可以从事哪些方向的工作之后，选择自己感兴趣的方向，还可以让 ChatGPT 告诉你这些方向在中国所对应的知名企业都有哪些，如图 2-24 所示。

AM 我对环境健康与安全经理这个方向非常感兴趣，告诉我在中国包含着这个方向的对应的知名企业都有哪些

环境健康与安全（EHS, Environmental, Health and Safety）经理负责确保企业操作和活动符合环境、健康和安全方面的法律和政策。他们还负责组织内部的培训、政策制定和风险评估等。在中国，随着环境保护意识的增强和法律法规的完善，这一角色越来越受到重视。

以下是一些在中国有重视环境健康与安全角色的知名企业：

制造业

1. **宝钢集团**（Baosteel）：作为中国最大的钢铁制造商之一，该公司非常重视环境、健康和安全。
2. **比亚迪**（BYD）：在电动汽车和可再生能源方面有显著影响的企业，也在环境健康与安全方面有严格标准。

化工与石化

1. **中国石油化工集团公司**（Sinopec）：全球最大的石油和石化公司之一。
2. **中国石油天然气集团公司**（CNPC）：这是另一家大型石油和石化公司，也非常关注环境保护。

电力与能源

1. **国家电网公司**（State Grid Corporation of China）：作为全球最大的电力公司，环境和安全问题是其关注的重要方面。
2. **中国华电集团公司**（China Huadian Corporation）：这是一家主要从事电力生产和供应的公司，也有着严格的EHS标准。

图 2-24 ChatGPT 给出的相关知名企业

技术和电子制造

1. **华为（Huawei）**：全球领先的信息和通讯技术解决方案提供商，也非常关注EHS。
2. **富士康（Foxconn）**：作为全球最大的电子制造服务公司，富士康也在努力改善其环境和安全表现。

快消品

1. **宝洁（Procter & Gamble）**：虽然是美国公司，但在中国有广泛的业务，并且注重环境和安全。
2. **可口可乐（Coca-Cola）**：同样也是一个全球公司，在中国有多个生产基地，非常注重环境和产品安全。

这些只是几个例子，很多其他行业和公司也在寻找有环境健康与安全背景的专业人士。你可能需要进一步研究以找到最符合你兴趣和职业目标的公司。希望这些信息能对你有所帮助！

图 2–24 （续）

有 ChatGPT 这样的几乎对所有行业都了解的人工智能，不管你想从事哪个行业，它都会结合你的情况给出合理且理智的建议，用它来给自己制定职业规划再合适不过。

2.6 使用 ChatGPT 优化个人简历

在求职过程中，一份好的个人简历是非常重要的，ChatGPT 可以为我们提供简历模板和对简历进行优化。

比如，若是我们想找一份教师的工作，可以让 ChatGPT 为我们提供一些模板，如图 2–25 所示。

AM 我打算在杭州的学校找一份高中数学教师的工作，现在需要编辑自己的简历，给我提供几份简历模板

当然可以，以下是两份针对高中数学教师职位的简历模板，你可以参照来创建你自己的简历：

图 2–25 ChatGPT 给出的简历模板

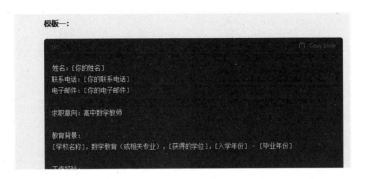

图 2-25　（续）

有了模板之后，我们就可以按照简历模板来填写信息，简历中有些内容是固定的，无法更改，比如姓名、学校等，但是其中的工作经验和自我评价，以及项目经历等内容是可以进行优化的。

比如，这是一段工作经历："我在大三就开始进行实习了，在大三上学期每周都会在周末去给一名高一学生当家教，补习数学，这名学生原本数学考 80 分，后来考 110 分；在大四我在一家设计公司实习了半年，可以熟练使用办公软件；大学毕业后我在一家教育培训公司当数学老师，教授过高三毕业班的学生，对教学非常熟悉，一共教了两届毕业生"。

我们可以将这段工作经历发给 ChatGPT，让它来帮我们进行优化，如图 2-26 示。

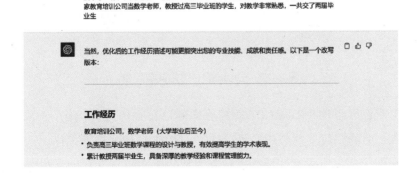

图 2-26　ChatGPT 优化工作经历

设计公司，实习生（大四上学期，6个月）

* 在半年实习期间，熟练掌握多种办公软件，包括但不限于Microsoft Office套件。
* 负责协助团队完成项目设计，能够独立处理多任务并确保项目按时完成。

家教（大三上学期）

* 每周末负责一名高一学生的数学补习。
* 通过个性化的教学方法和详尽的学习计划，成功帮助学生将数学成绩从80分提升至110分。

这样的描述更具目标性，同时也更清晰地突出了您在各个职位上的成就和技能。希望这对您有帮助！

图 2-26　（续）

另外，还可以让 ChatGPT 帮我们对个人简历中的自我评价进行优化，如图 2-27 所示。

AM　下面是我的个人简历中的自我评价描述，你帮我优化一下：我这个人非常有耐心，在教授学生时不论这个学生的接受能力或者基础有多差，我都会耐心地给学生讲解，每天我都会认真备课，我这个人还非常阳光，不给学生传递负能量，对于不同的学生我会采用不同的教课方式。我这个人还非常有亲和力，学生们都非常喜欢我

当然，一个精心组织的自我评价部分能更好地展现您的个人特质和职业素养。以下是一个优化版本：

自我评价

作为一名富有经验的教育专业人士，我深知耐心和教学策略在培养学生中的重要性。无论面对何种学习基础和接受能力的学生，我都能维持高度的耐心，通过个性化的教学方法，帮助他们突破学术难题。

* **教学准备**：每日精心备课以确保教学质量，致力于满足每一个学生的学习需求。
* **阳光心态**：维持积极、乐观的教学环境，避免向学生传递负能量。
* **教学灵活性**：根据不同学生的学习风格和需求，灵活调整教学策略。
* **亲和力**：通过良好的人际交往能力，成功建立与学生之间的良好关系，获得广泛的好评。

这样的描述不仅更为专业，也更能突出您在教育和个人素质方面的优势。希望这能帮助您更好地展示自己！

图 2-27　ChatGPT 优化自我评价

我们也可以使用 ChatGPT 对简历中的项目经历进行优化，比如，下面是我之前的一段项目经历，可以让 ChatGPT 来帮我进行优化。

背景：石药制药原有制造青霉素工艺的所产废水含有钠盐和钾盐的，原有废水处理工艺只能提取出混盐，原有工艺对废水资源浪费严重。

过程：本人负责设计全新工艺，包括原理说明、材料选择、管道选择与流程 CAD 制图等。

结果：成功完成合格方案设计。

项目职责：设计工程师，负责所有工艺流程设计。

优化结果如图 2-28 所示。

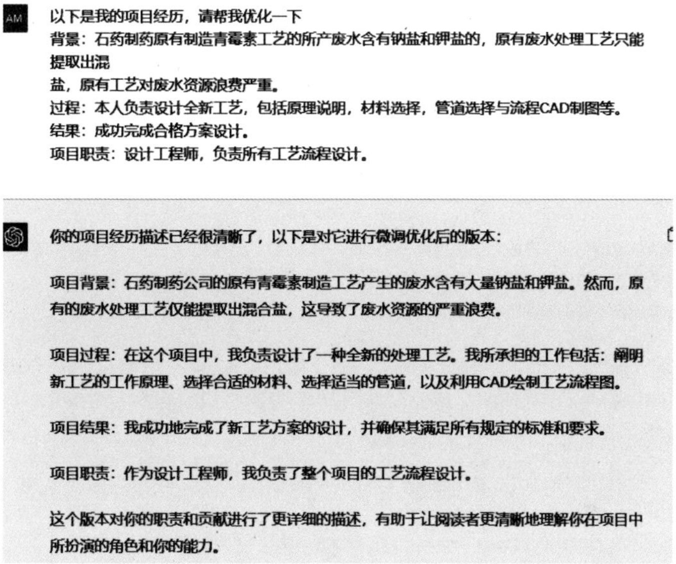

AM

以下是我的项目经历，请帮我优化一下
背景：石药制药原有制造青霉素工艺的所产废水含有钠盐和钾盐的，原有废水处理工艺只能提取出混
盐，原有工艺对废水资源浪费严重。
过程：本人负责设计全新工艺，包括原理说明，材料选择，管道选择与流程CAD制图等。
结果：成功完成合格方案设计。
项目职责：设计工程师，负责所有工艺流程设计。

你的项目经历描述已经很清晰了，以下是对它进行微调优化后的版本：

项目背景：石药制药公司的原有青霉素制造工艺产生的废水含有大量钠盐和钾盐。然而，原有的废水处理工艺仅能提取出混合盐，这导致了废水资源的严重浪费。

项目过程：在这个项目中，我负责设计了一种全新的处理工艺。我所承担的工作包括：阐明新工艺的工作原理、选择合适的材料、选择适当的管道，以及利用CAD绘制工艺流程图。

项目结果：我成功地完成了新工艺方案的设计，并确保其满足所有规定的标准和要求。

项目职责：作为设计工程师，我负责了整个项目的工艺流程设计。

这个版本对你的职责和贡献进行了更详细的描述，有助于让阅读者更清晰地理解你在项目中所扮演的角色和你的能力。

图 2-28　ChatGPT 优化项目经历

2.7　使用 ChatGPT 优化面试个人介绍与翻译

我们可以使用 ChatGPT 来优化自己的个人介绍，以下是一篇个人介绍，我们看看让 ChatGPT 优化后会如何，如图 2-29 所示。

AM 以下是我为面试准备的个人介绍，帮我优化一下
我是一名普通的本科应届毕业生，我叫张三，来自天津，我一直追求着自己的成就。
在校期间，我担任过学生干部，获得过校级优秀学生干部的称号，有比较好的组织协调能力。在暑假期间多次勤工俭学，可以吃苦耐劳。参加过天津电子设计大赛，获得二等奖，有很强的动手能力和学习能力。我可以在不同文化和工作人员的背景下出色地工作。
在专业方面，我系统地掌握了本专业领域的基础知识和技能，并且不断地拓展自己的知识面和视野。在课程设计和实验中，我积极思考、主动探索、勇于创新，取得了良好的效果。在毕业设计中，我独立完成了一个基于化工的废水处理系统的设计与实现，并通过了答辩。
在未来的工作中，我将会以积极的态度和敬业的精神去面对各种挑战和困难。我相信自己能够适应工作环境，融入团队，为贵单位创造价值。谢谢！

你的个人介绍已经非常好了，我稍微做了一些微调，让它更加突出你的经验和成就：

我叫张三，来自天津，今年是我的毕业季。虽然我是一名本科应届毕业生，但我已经通过多种途径，包括学术竞赛和课程设计，证明了我坚韧的毅力和不断自我提升的能力。

在大学期间，我一直致力于挑战自己并锻炼我的领导力。作为学生干部，我被评为校级优秀学生干部，这证明了我出色的组织协调能力。另外，我还利用暑假时间进行勤工俭学，以展示我坚韧不拔的精神和吃苦耐劳的品质。

我也不断提升自己的实际技能。在天津电子设计大赛中，我赢得了二等奖，这反映了我优秀的动手能力和自我学习能力。我深信，我可以在任何文化和工作人员背景下都能出色地完成工作。

在专业知识方面，我不仅系统地掌握了本专业的基础知识和技能，还通过积极思考、主动探索和创新，在课程设计和实验中取得了良好的效果。我的毕业设计项目是独立设计并实现一个基于化工的废水处理系统，这一切都得到了答辩委员会的肯定。

展望未来，我期待以积极的态度和专业的精神，迎接任何可能遇到的挑战和困难。我相信，我有能力快速适应新的工作环境，和团队成员密切合作，为贵单位创造价值。非常感谢您给我这次机会！

G Regenerate response

图 2-29　ChatGPT 优化个人介绍

ChatGPT 作为大语言模型，还可以进行多种语言之间的翻译，如图 2-30 所示。

AM 把下边这句话分别用英语法语日语俄语西班牙语阿拉伯语翻译一遍
我将会以积极的态度和敬业的精神去面对各种挑战和困难

图 2-30　ChatGPT 多语言翻译

以下是你所提供的句子在各种语言中的翻译：

在英语中：

"I will face various challenges and difficulties with a positive attitude and a professional spirit."

在法语中：

"Je vais affronter divers défis et difficultés avec une attitude positive et un esprit professionnel."

在日语中：

"私は積極的な態度とプロフェッショナルな精神で、様々な挑戦と困難に向き合うつもりです。"

在俄语中：

"Я буду справляться с различными трудностями и проблемами с позитивным отношением и профессиональным духом."

图 2-30　（续）

【扩展】AI 让照片变视频

我们可以使用 AI 来把一张照片变成一个会说话的视频，当今主流的方式有三种：第一种是 heygen.com 网站生成，第二种是 D-ID 生成，第三种是 Stable Diffution 生成。这三种方式各有优劣，目前 heygen.com 网站生成的视频是比较好的，第二种会稍差一些，第三种是免费的而且可以把软件安装到自己电脑上，但是这个软件对电脑的配置要求很高。

我们以 heygen.com 网站生成为例，第一步是注册，我们在浏览器中输入并打开网址 https://www.heygen.com/，如图 2-31 所示。

图 2-31　heygen.com 网站

　　第二步，点击界面右上角的 Sign In，接着点击 Sign Up with Email 来注册一个账号，如图 2-32 所示。

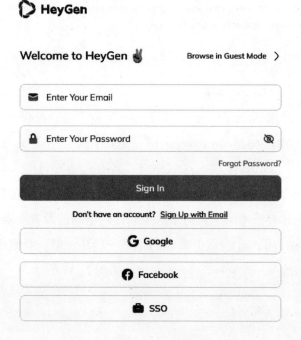

图 2-32　注册界面

在新的页面中的第一行输入自己的邮箱然后点击 Send Code，如图 2-33 所示。

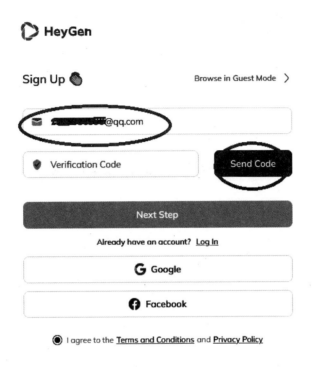

图 2-33　注册界面

在点击之后，注册邮箱会收到验证码，接着把验证码输入进去点击 Next Step 即可进入密码设置界面，密码设置要求是 8~35 位，有数字、大小写字母，如图 2-34 所示。

图 2-34　登录界面

　　下一步点击 Done 即可完成注册，完成注册后界面会自动登录，这时会有网站对使用者做一些调研，我们可以选择如实填写或者随便选几个选项即可，每选完一个点击右下角的亮色按钮即可，如图 2-35 所示。

Which industry best describes your company?

eCommerce	Retail
Advertising	Marketing Agency
Training, Education	Finance
Insurance	News, Media, Press
Software, Online Service	Medical, Health Care
Entertainment, Games, Sports	Other

图 2-35　调研界面

做完调研后，我们即可使用这个网站的功能，我们可以发现这个界面右上角有一个两分钟的免费试用时长，也就是说我们用网站每生成一个视频都会减少相应的时长，如果制作的视频总时长超过了两分钟就需要充值才能使用，如图 2-36 所示。

图 2-36　两分钟的免费试用时长界面

在界面的左侧，Template 是网站提供的模板，其下方的 Avatar 可以用来上传本地照片，Video 可以看我们制作的视频，如图 2-37 所示。

图 2-37　Template 模板

接下来我们开始尝试使用网站，来让照片变成视频，第一步点击"Avatar"来上传照片，如图 2-38 所示。

图 2-38 上传界面

上传完成后我们点击自己上传的图片，如图 2-39 所示。

图 2-39 上传完成界面

点击图片打开后，下一步点击 "Creak Video"，如图 2-40 所示。

图 2-40 图片打开界面

点击之后就会进入制作界面，我们把那句英文删掉然后输入自己想让照片说的话，在下方会显示时长，如图 2-41 所示。

图 2-41　视频制作界面

在输入文字后，在界面右侧国旗处可以选择语言和声音类型，如图 2-42、图 2-43 所示。

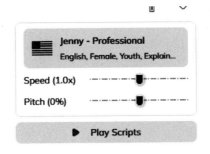

图 2-42　选择国家地区

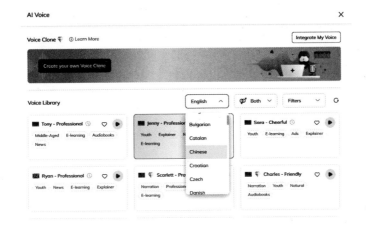

图 2-43　选择语言

　　我们选择中文 Chinese，接着界面会出现很多种类型的声音，我们可以点击每种声音的右上角的小三角来试听下，如果选好了在该声音的右下方点击 Select 即可，如图 2-44 所示。

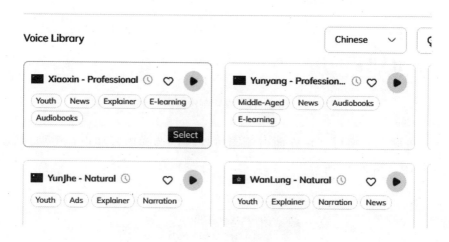

图 2-44　选择声音

　　在选好声音类型并写好文案后就可以点击界面右上角的 Submit 从而生成视频，在生成结束后我们就可以将视频下载下来观看了，如图 2-45、图 2-46 所示。

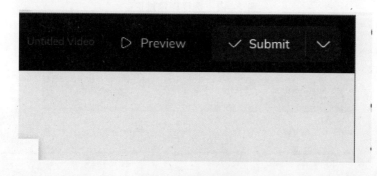

图 2-45　生成视频

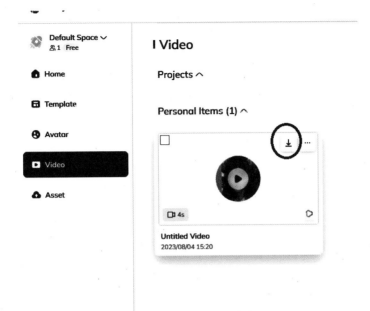

图 2-46　下载位置

第 3 章

Python 的含义与简单数据类型

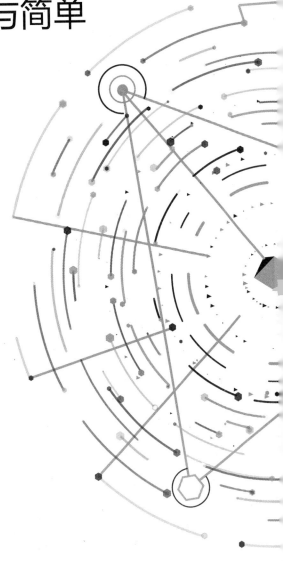

3.1 Python 的含义

编程是什么

我们可以这么理解编程，电脑的大脑是 CPU，它有很多功能，编程就是使用编程语言将电脑的功能编排到一起，然后保存下来，这样就形成了一个文件，当运行这个文件的时候，电脑就可以根据我们编写的步骤来执行或完成我们想要实现的事情。

编程就是通过编写代码，告诉计算机做什么，计算机根据代码，按照顺序一步一步地执行，最后反馈结果。比如，我们想得到 2+3*（6-4）的算式结果，第一步要先计算括号里面的（6-4）得到 2；第二步计算 3*2 得到 6；第三步计算 2+6 得到 8。

电脑需要代码来告诉它第一步干什么，下一步干什么，之后的每一步干什么。

Python 能做什么

电脑的 CPU 里面内置了很多功能指令，编程语言是我们用来编排这些功能的工具，如今编程语言有几十甚至上百种，其中最为流行、使用最为广泛的就是 Python，除了 Python，应用比较广泛的还有 C、C++、Java 等。

Python 的应用非常之广泛，Python 的应用领域如表 3-1 所示。

表 3-1　Python 的应用领域

应用领域	具体描述
网站服务	个人、企业网站；企业管理系统等
自动工具	工作自动化：自动采集网站数据、股票数据；自动发送邮件等
数据处理	处理文本、图片、表格等
人工智能	智能异常检测，大语言模型等
自动交易	股票自动买卖，自动下单、购票等

学好编程的三部曲

编程必学的技术有三个，编程语言、数据库和网络。学会了编程语言后就相当于一条腿加一根拐杖，可以走路但是比较困难，在学会数据库之后就相当于有了第二条腿，可以丢掉拐杖奔跑起来。

学好编程的三部曲是先学好基础语法，接着学好数据结构，最后加上高并发（高并发是互联网系统架构的性能指标之一，它通常是指单位时间内系统能够同时处理的请求数，也叫 QPS（Queries per second））。

3.2 编程相关软件安装和使用

环境变量

（1）我们可以把环境变量理解为，记录软件安装位置的一张表格，如表3-2所示。

表3-2 变量与值

食材登记表	
食材名称	存放位置
土豆	1号库房
西红柿	2号库房
绿色蔬菜	3号库房；4号库房
环境变量	
变量	值
weixin	C:\weixin\weixin.exe
path	C:\system\pathon

对比上述两个列表可知，环境变量就相当于是电脑里面程序存放位置的记录表格，只不过存放位置叫作值，程序叫作变量。

（2）环境变量的配置（演示流程使用的是 win10 系统）：

第一步，打开屏幕右下角的搜索选项，输入环境变量后点击搜索，如图 3-1 所示。

图 3-1　搜索位置

第二步，点击编辑系统环境变量，如图 3-2 所示。

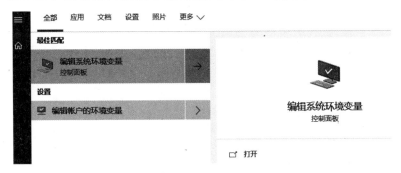

图 3-2　编辑位置

第三步，在打开的窗口里面选择高级，然后点击环境变量，如图 3-3 所示。

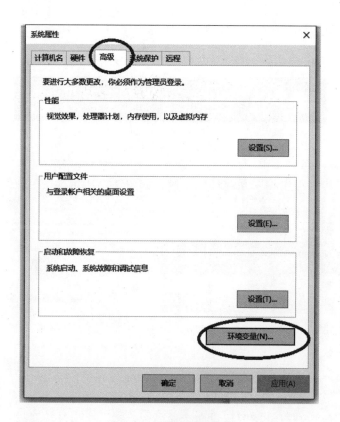

图 3-3　环境变量位置

　　之后会打开如下窗口，可以发现这个窗口分为两部分：一部分是用户变量，另一部分是系统变量。我们一般不动系统变量，只在用户变量里面进行新建操作，如图 3-4 所示。

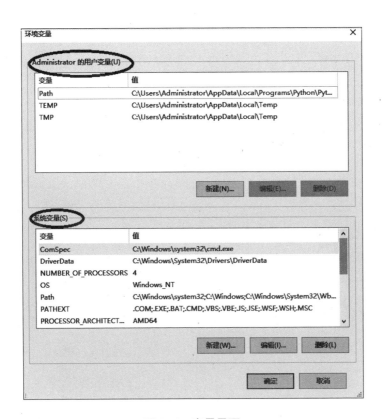

图 3-4　变量界面

点击新建后，我们可以建立一个新的变量和值，比如，我们建立一个叫作 mypath 的变量，在浏览目录里面选择值，然后点击确定，如图 3-5 所示。

图 3-5　新建变量界面

最后在如图 3-6 所示的窗口点击确定方可生效。

图 3-6　新建成功后界面

Python 解释器的安装

Python 解释器可以把我们写的代码翻译成电脑可以识别的字节码，从而让电脑可以识别并运行。

我们需要在官网上下载 Python 解释器，在浏览器中打开网址 http://www.python.org，接着在打开的网页上选择 Download，如图 3-7 所示。

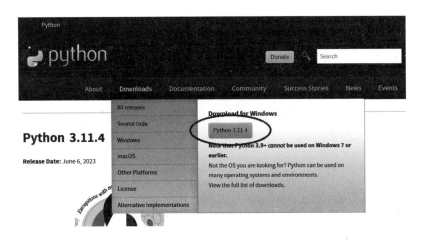

图 3-7　Python 官网界面

点击图 3-7 中圈出来的地方即可进行下载，下载完成后进行安装即可，最好直接安装到默认盘 C 盘。

图 3-8 中小圈圈出来的地方务必都要选中，选中后点击大圈的位置即可开始安装。

图 3-8　安装界面

等到安装完成之后我们需要进行一次测试，看看是否安装成功，按住键盘 Win +R 打开运行，输入 cmd 后点击确定，在出现的窗口里面输入 Python 之后回车，若是出现如图 3-9 所示情况则说明安装成功。

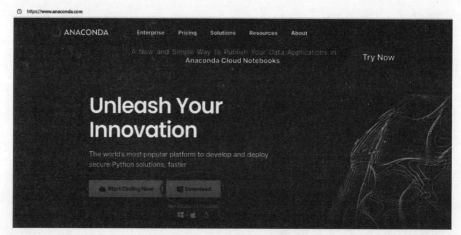

图 3-9　安装成功界面

JupyterLab 的安装

第一步，先下载一个名为 Anaconda 的软件，直接在浏览器上搜索 http://www.anaconda.com 之后进入它的官网，点击 Download 即可下载，如图 3-10 所示。

图 3-10　Anaconda 官网界面

第二步，下载完成后打开文件进行安装即可，安装完成后可以在左下角的搜索里面输入 Anaconda 然后打开软件，如图 3-11 所示。

图 3-11　Anaconda 启动界面

第三步，这个软件的启动时间比较久，我们耐心等待一会即可，之后在打开的软件里面点击打开 Jupyter Lab 即可，如图 3-12 所示。

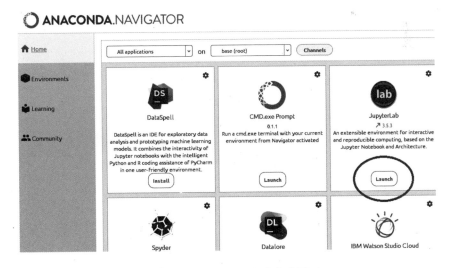

图 3-12　Anaconda 启动成功界面

文件扩展名与默认打开方式

扩展名：我们知道任何一个文件名的最后都有". + 某某某"，这就是文件的扩展名，也称为文件的格式，Windows 有几种常见的格式，比如，.exe 代表这是一个可以执行的程序；.txt 代表这是一个文本文档；我们可以通过对其重命名来改变文件的格式；.py 是使用 Python 打开的格式。

直接对文件重命名然后改变文件名字末尾的扩展名即可更改文件格式。

默认打开方式：我们可以通过右键打开文件属性来改变文件的默认打开方式，如图 3-13 所示。

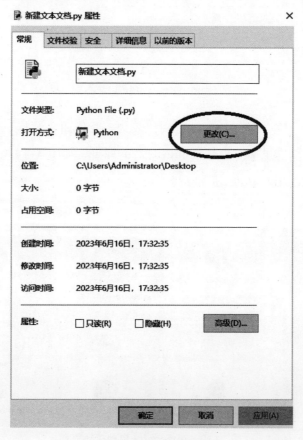

图 3-13　文件属性界面

3.3　Python 的表达式

表达式与算术表达式

首先，我们打开 Jupyter 软件；打开名为 Downloads 的文件夹，在圈出的空白位置处点击鼠标右键，如图 3-14 所示。

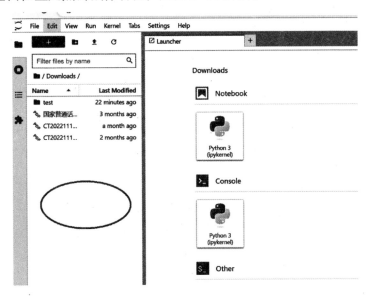

图 3-14　Jupyter 界面

接着，选择 New Folder，然后给自己建立的文件夹取名叫做"张三的 Python 编程学习笔记"，之后选中这个新建的文件夹双击鼠标左键将其打开，如图 3-15 所示。

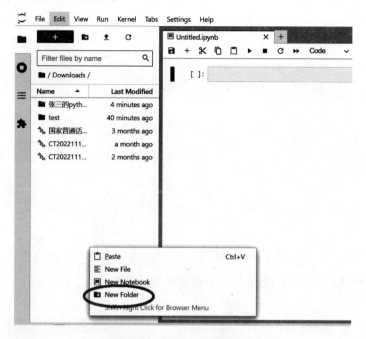

图 3-15　Jupyter 新建文件夹

在打开之后，点击如图 3-16 所示圈出的位置就会新建学习文档，之后鼠标右击这个新建的文档选择 Rename 就可以改名，将名字改为"张三的 Python 编程学习笔记"，如图 3-17 所示。

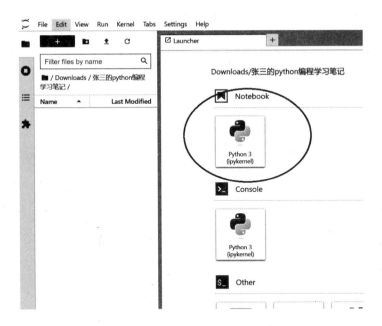

图 3-16　Jupyter 新建 Python 文件

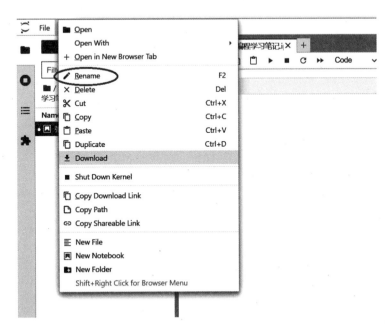

图 3-17　Python 文件改名

最后即可进行学习和记录，如图3-18，圈出的"+"代表增加一个
输入框；"✂"代表删掉输入框；"▶"表示运行；最右边的"Code"表示
代码，我们可以将其改为Markdown，也就是文本格式。也就是说这个输
入框既可以输入代码，也可以输入文本，所以非常方便。

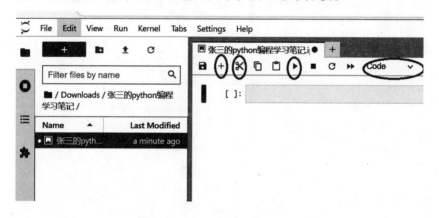

图3-18　Jupyter操作界面功能介绍

1. 表达式

表达式就是把变量和常量组合起来生成新的值。表达式可以进行运
算，由数字和运算符组成，表达式的运算结果被称为返回值，并且表达
式的运算是有优先级的，优先级由操作符来进行排序。

2. 算术表达式

算术表达式就是数字之间的运算，算术表达式常用操作符如表3-3
所示。

表3-3　算术表达式常用操作符

加法 +	比如 1 + 1 = 2	
减法 −	比如 3 − 2 = 1	
乘法 *	比如 2 * 2 = 4	
除法 /	比如 6 / 2 = 3	

续 表

整除 //	比如 5 // 2 = 2	数字 5 除以 2 等于 2.5，整除的意思就是忽略小数点之后的数，只取整数
模运算 %	比如 5 % 4 = 1	数字 5 除以 4 的余数是 1，模运算也就是取余数的意思
次方 **	比如 2 ** 3 =8	数字 2 的三次方是 8

注意：*、/、//、%、** 这五个操作符的优先级要高于 +、-；为了整洁美观我们需要在操作符和数字之间用空格隔开；括号只有 () 这一种，没有其他类型的括号，如图 3-19、图 3-20 所示。

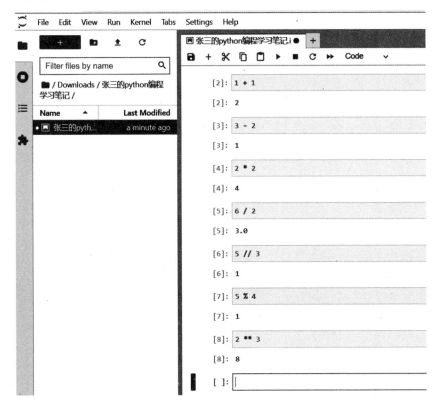

图 3-19　编程简单计算界面

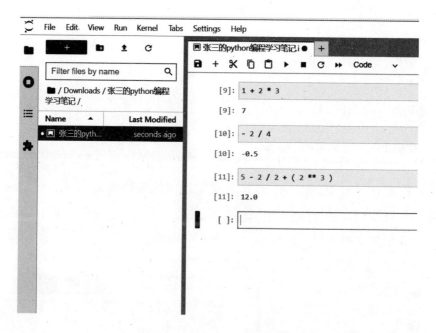

图 3-20　编程复杂计算界面

3. 数字的类型

数字分为浮点数和整型。浮点数就是指带着小数点的数值，比如
1.0、2.3 等；整型是指整数，比如 2、6、102 等。在不同类型的数据之
间做运算需要将它们转换成相同类型，这种转换分为隐式转换和显式
转换。

隐式转换：在运算过程中 Python 会进行隐式转换，比如图 3-21 中的
0.2 + 3 = 3.2，这个表达式中的 0.2 和 3 是两种数据类型，但是依然可以
进行正常的运算，这是因为在运算的背后 Python 帮我们进行了转换，这
种转换就叫作隐式转换。

图 3-21 中的"# 隐式转换"是一个注释，在运行中会被忽略掉所以
不影响程序运行，我们对于一些比较复杂的程序或者陌生的程序可以通
过在程序开头之前另起一行用"# 注释"来提示自己。

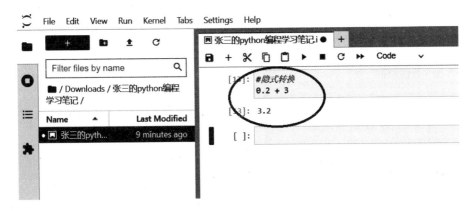

图 3-21　编程中的隐式转换

显式转换：显式转换是指我们使用 Python 提供的函数将一种数据类型转换为另外一种数据类型。比如，我们可以通过函数 float() 把整型转换成浮点数，可以使用函数 int() 把浮点数转换成整型，如图 3-22 所示。

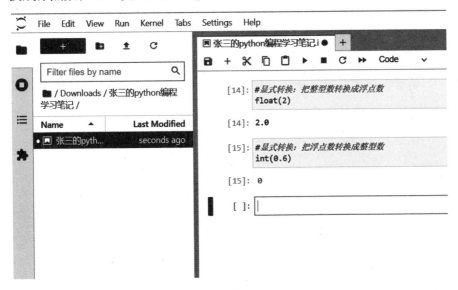

图 3-22　编程中的显式转换

浮点数的精度要高于整型，从浮点数通过函数 int() 转换成整型的过程中会丢失精度，所以在有些运算中若是不了解则可能会出错，比如，

int(0.6) + 2 的运算结果不是 2.6 而是 2，如图 3–23 所示。

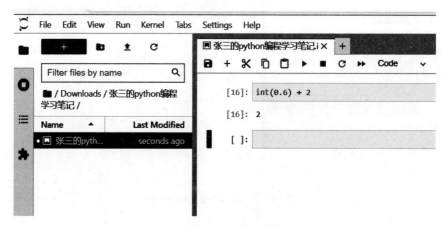

图 3-23　浮点数转换成整型

表达式的关系运算

1.关系运算符的分类

关系运算符分为两种：一种是用于比较大小的运算符，另一种是比较相等性的运算符。

比较大小的关系运算符有四种，分别是大于 >、大于等于 >=、小于 <、小于等于 <=。

比较相等性的关系运算符有两种，分别是 ==（是否相等）和 !=（是否不等于）。

关系运算也会输出结果，而且结果只有两种：True 和 False，分别表示真的和假的（也可以理解为正确或错误），如图 3-24 所示。

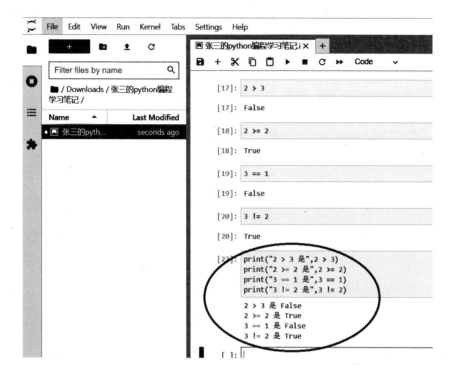

图 3-24　关系运算的输出结果

图 3-24 中圈出来的部分，是把四个关系运算放到了一个输入框里面，使用 print() 这个函数，可以在输出的结果中显示出自己想说的话。

2. 关系运算符的优先级

关系运算符在程序运行时也有优先级。

算术运算符的优先级要高于关系运算符，而在关系运算符的内部比较大小的运算符的优先级要高于比较相等性的运算符，如图 3-25 所示。

图 3-25　关系运算符的优先级

　　图 3-25 中的表达式 "3 == 2 > 1" 在程序执行中会先执行 2 > 1 得出 True 的结果，接着会继续执行 3 == True，最终得出结果 False。

　　关系运算通常用于逻辑判断、循环结构。

表达式的逻辑运算

　　逻辑运算符也被称为布尔运算符，逻辑运算符共有三种，分别为 and、or、not。

1. 逻辑运算符 and

　　逻辑运算符 and 是和、且的意思，运算规则为 and 运算符的左右两侧同为真时最终结果（返回值）才会显示 True，只要有任何一侧为假或者两侧均为假时最终结果（返回值）会显示 False。

　　and 运算符的运算顺序：先进行 and 运算符左侧的运算，若是左侧为 False 则不会再进行右侧的运算，而是直接输出结果 False；若是左侧结果为 True 则继续进行右侧的运算，若右侧为 False 则输出结果为 False，若右侧为 True 则输出结果为 True。示例如图 3-26 所示。

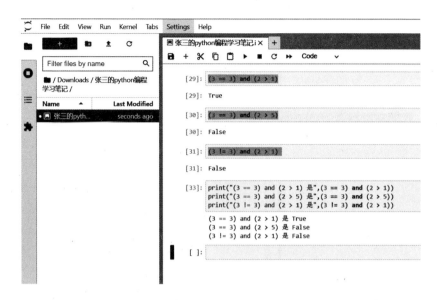

图 3-26　and 运算符的运算顺序

2. 逻辑运算符 or

逻辑运算符 or 是或的意思，其运算规则为 or 运算符的左右两侧只要有一个运算结果（返回值）是 True，则最终运算结果（返回值）就为 True，只有在两侧的运算结果（返回值）均为 False 时，最终运算结果（返回值）才为 False。

or 运算符的运算顺序：先进行 or 运算符左侧的运算，若是左侧结果为 True 则不会再进行右侧的运算，而是直接输出结果 True；若是左侧结果为 False 则继续进行右侧的运算，若右侧为 True 则输出结果为 True，若右侧为 False 则输出结果为 False。示例如图 3-27 所示。

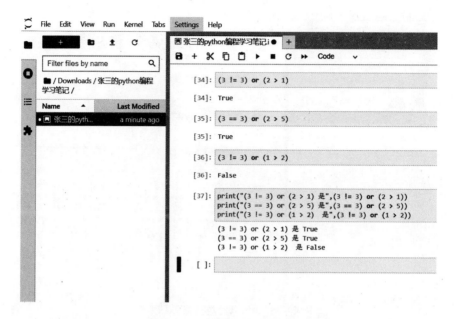

图 3-27　or 运算符的运算顺序

3. 逻辑运算符 not

逻辑运算符 not 是取相反结果的意思，也叫逻辑非，就是将其右侧的运算结果取相反之后输出，比如，右侧原本是 True 在经过 not 取反后变为 False。

比如，not 1 > 2，在 not 右侧的 1 > 2 运算结果明显是 False，但是取反后的结果变为 True。示例如图 3-28 所示。

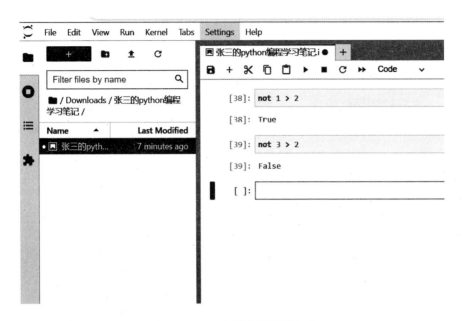

图 3-28　not 运算符的运算顺序

前面的运算符优先级排序：逻辑运算符＜关系运算符＜算数表达式操作符。

字面量的逻辑运算

1.字符串

由字符、字母、数字、文字等组成的文本就叫作字符串，这个字符串就是字面量，也叫作字符串常量。

在 Python 中，为了让我们更容易理解，数字 1 和 0 分别代表 True 和 False，Python 的本质其实是数字 1 和 0，Python 采用的是二进制，也就是说 Python 本身没有 True 和 False。

在运算中如果直接输入一行汉字进行运算会因为无法识别而报错，但是若是给这行汉字加上英文状态下的双引号则其相当于变成了字符串，此时 Python 就可以进行识别并运算，如图 3-29 所示。

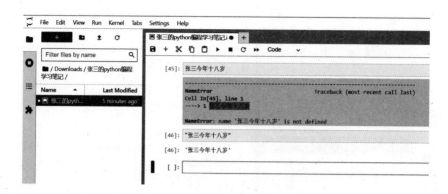

图 3-29　字符串创建方式

2. 函数 bin() 和函数 bool()

函数 bin() 是转换二进制的函数，可以将括号内的十进制数字转换成二进制数字，如图 3-30 所示，输出结果开头的 0b 表示二进制的意思。

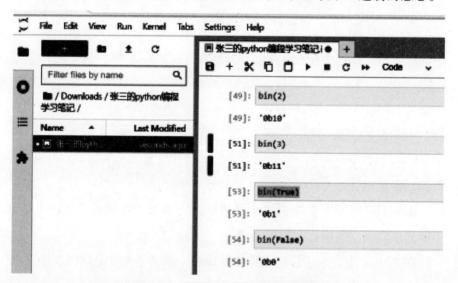

图 3-30　二进制与十进制的转换

函数 bool() 可以将括号中的内容转换成布尔值，布尔值只有 True 和 False 两种，括号内若是数字 0 或者是空白则返回值（输出结果）为 False，除这两种情况外其他所有的情况均输出 True，如图 3-31 所示。

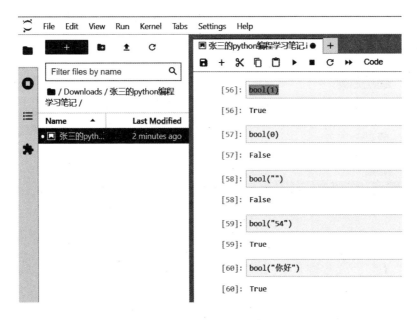

图 3-31　函数 bool() 的使用

字面量在逻辑运算符 and 上的示例如图 3-32 所示，1 and 3 中运算符左侧是数字 1，它的布尔值为 True，则接着进行右侧运算，右侧为数字 3，它的布尔值也为 True，所以最后输出结果为 3；0 and 3 中运算符左侧为数字 0，它的布尔值为 False 则无须再进行右侧运算直接输出 0。

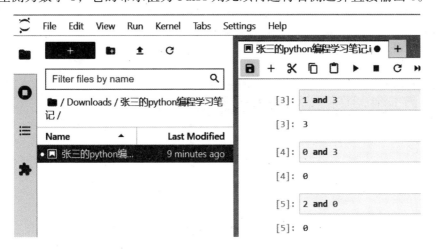

图 3-32　and 的使用

字面量在逻辑运算符 or 上的示例如图 3-33 所示。

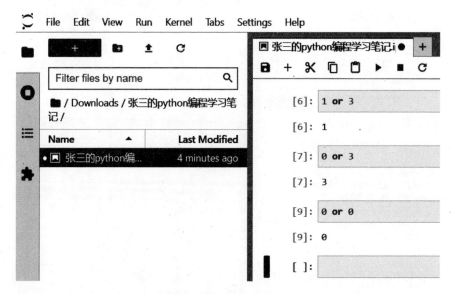

图 3-33　or 的使用

字面量在逻辑运算符 not 上的示例如图 3-34 所示。

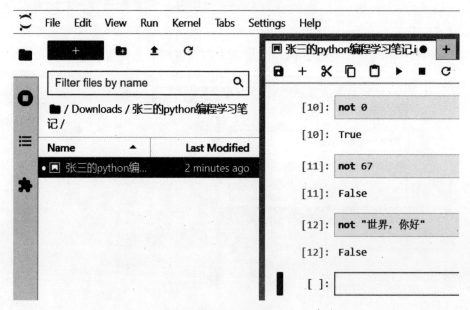

图 3-34　not 的使用

复合表达式和变量

1. 复合表达式

多个表达式组合在一起形成的表达式叫作复合表达式。比如，表达式（2＋3）＊（5－3），我们知道这个表达式的运算过程是先把两个括号里面的表达式运算出来再进行相乘从而得到最终结果，但是若是直接把这个复合表达式写入输入框中则是无法运行的，如图 3-35 所示。

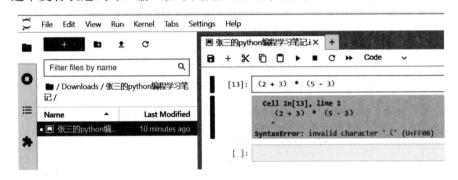

图 3-35　复合表达式的错误用法

这时就需要我们使用变量来解决这个问题，计算机的内存空间分为很多份，我们可以把这些内存空间命名为 a、b、c、⋯

我们可以这么理解计算机运行表达式（2+3）＊（5-3）的过程，计算机先运行了（2+3）得到结果 5，接着计算机把 5 放到内存空间 a 中。然后计算机把（5-3）的结果 2 放到内存空间 b 中。最后计算机从 a 和 b 中取出数字 5 和 2 进行 5 ＊ 2 的运算，从而得出最终结果 10。在这个过程中我们把 a、b 称为变量，此时我们就可以按照如图 3-36 所示方法进行输入。

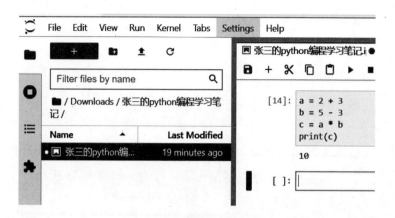

图 3-36　复合表达式的正确用法

2. 变量的命名

在今后的学习和实践中我们会大量使用变量，在一些含有大量代码的数据中我们不能只用简单的字母来表示变量，所以变量的命名规范由此而生。

（1）变量不能将数字作为开头；

（2）变量名称只能包含字母、下划线和数字，有时也可以包括汉字；

（3）不能使用保留字作为变量的名字（保留字是指 Python 语言中有特殊意义的单词）。

3. 注意事项

当报错中出现 SyntaxError 时说明写的代码出现了语法错误，这是很多初学者经常遇到的错误。如图 3-37 所示。

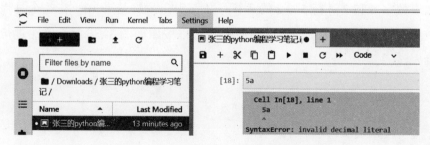

图 3-37　运行出现 SyntaxError

另外在给变量命名时尽量让名字具有含义，这样可以方便自己或者别人进行快速辨认，比如，给某个名字进行变量命名时我们可以使用 name ="张三"，这样自己或别人看到变量名字 name 就很容易联想到这代表人名。

3.4　变量与简单数据类型

变量的赋值

由前面内容可知，变量的本质是路径，是指向某个内存中的值。

同一个变量可以被多次赋值，后边的赋值会覆盖前面的，而且我们可以对多个变量同时进行赋值，如图 3-38 所示。

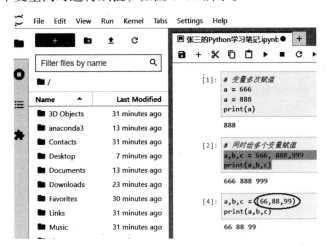

图 3-38　多个变量同时进行赋值

图 3-38 中圈出来的部分（66,88,99）和不带括号的数字不是一回事，这个叫作元组，后边会讲到。

数字类型

数字类型分为三种：浮点型、整型和复数，其中复数用得很少，我们不过多陈述。

浮点型：有小数点，精度大概是 16 位（数据精度是指数字能够表达的准确位数）。

整型：没有小数点，就是指整数。

整型和浮点型两者的转换可用函数 float() 和 int()，函数 float() 可以将括号内的数字转换成浮点型，函数 int() 可以将括号内的数字转换成整型，如图 3-39 所示。

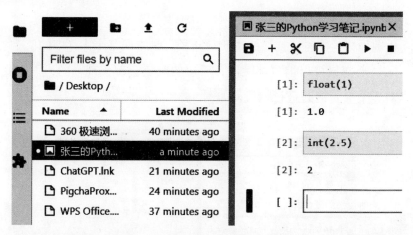

图 3-39　函数 float() 和 int() 的使用

注意：浮点型使用函数 int() 转换成整型后会直接丢掉小数点后的数字，并不会四舍五入！

有关精度的测试如图 3-40 所示。

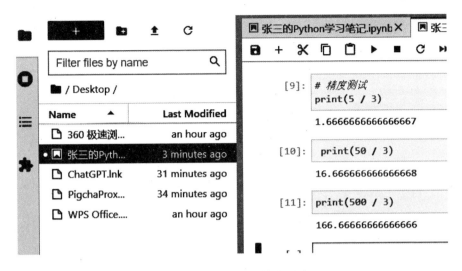

图 3-40　浮点型的精度测试

由图 3-40 可知，这几个表达式的返回值的最后一位均已经失去了准确度，而且都是从第一个数字开始一共 16 个数字是准确的，所以说浮点型的精度是 16 位。

因为 Python 使用的是二进制，所以在进行运算后输出结果时会把原先的二进制结果转换成十进制显示出来，这会导致一些运算出现问题，比如，计算 1 – 0.9 时，正确答案应该是 0.1，但是程序给出的结果并不是，如图 3-41 所示。

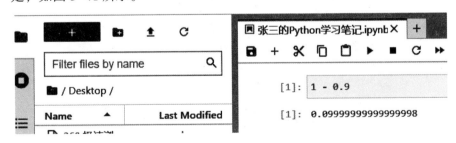

图 3-41　计算 1 – 0.9 的结果

为了解决图 3-41 出现的问题，我们可以使用 decimal 模块，使用方法如图 3-42 所示。

图 3-42 decimal 模块的使用

若是把图 3-42 中的程序翻译成汉语则为：

"导入名为 decimal 模块并命名为 dc。

decimal 模块的上下文精度为 1。

创建两个 Decimal 对象，一个值为 1，另一个值为 0.9，并将它们相减，将结果存储在变量 a 中。

打印变量 a 的值"。

字符串和转义符

1. 字符串

我们在前面说过，一行汉字或者字符，只有在加上单引号或者双引号之后才会变成一串字符串，才会被程序识别，不然在运行时就会报错，如图 3-43 所示。

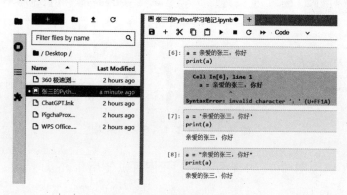

图 3-43 字符串的使用

在一些特殊环境下我们需要的结果会是两行或者更多，比如，我们在写信件的开头，这时再使用两个单引号或者两个双引号就会不适用，如图 3-44 所示。

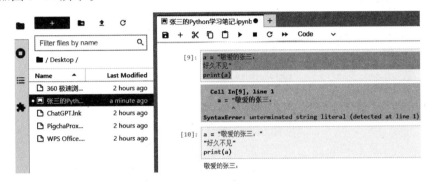

图 3-44　多行字符串的错误使用

为了解决这个问题，我们把字符串的标识符分为了单行和多行两种。

单行字符串：我们使用一对单引号 '' 或者一对双引号 ""。

多行字符串：我们使用三对单引号 '''''' 或者三对双引号 """"""。如图 3-45 所示。

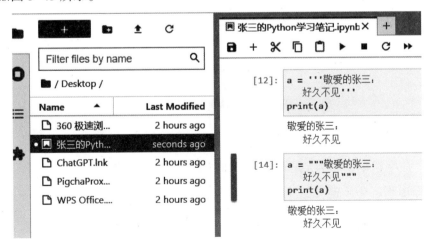

图 3-45　多行字符串的正确使用

2. 转义符 \

换行符 \n，表示在这里换行的意思，如图 3-46 所示。

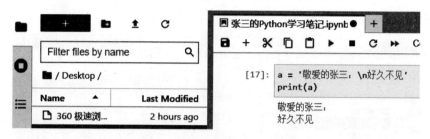

图 3-46　换行符的使用

转单引号 \'，当我们需要在字符串中出现单引号 ' 的时候，需要在要打印出的单引号前面写上转义符，或者用双引号来表示这串字符串，不然会出错，如图 3-47 所示。

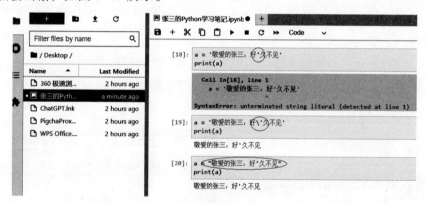

图 3-47　\' 转单引号的使用

\" 转双引号，同上。

原字符串，因为 \ 是转义符，所以如果字符串中出现 \，有可能无法打印出来，为了避免这个影响，当我们想让打印的字符串包含 \ 时，在字符串前方加上字母 r 即可，如图 3-48 所示。

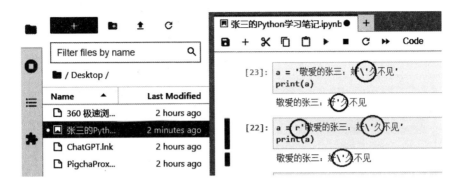

图 3-48　原字符串的使用

字符串和数字转换

当我们把字符串和数字放到一起运算时需要把两者转换成相同类型的。

我们可以用函数 str() 把数字转换成字符串；用函数 float()、int() 把数字字符串转换成数字。

比如，我们要把数字字符串 "888" 通过函数 float()、int() 分别转换成浮点型和整型，如图 3-49 所示。

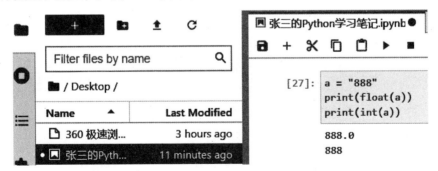

图 3-49　数字字符串转换成数字

字符串的拼接，两个或者多个字符串拼接在一起时，字符串之间可以使用 + 号来连接，或者保证字符串在同一行即可，如图 3-50 所示。

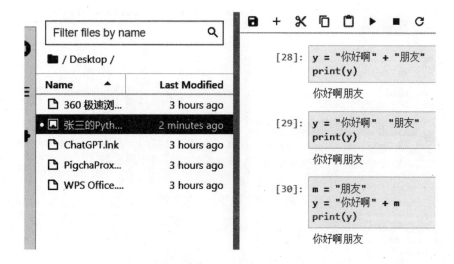

图 3-50　字符串的拼接

当数字和字符串拼接时需要将数字转换成字符串。

比如，把李四、77、公斤拼接到一起并输出，若是不把数字 77 转换成字符串直接拼接则会报错，只有把数字 77 使用函数 str() 转换成字符串再进行拼接才会成功，如图 3-51 所示。

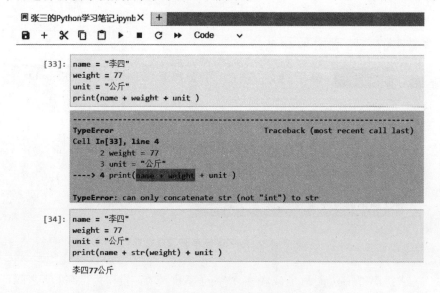

图 3-51　数字转换成字符串

不可变数据类型

数字和字符串都是不可变的数据类型。

若我们给一个变量进行多次赋值，且所赋的值不同，则每次赋值后此变量所在内存会发生变化，我们可以用找内存函数 id() 来测试，如图 3-52 所示，圈中地址发生了变化。

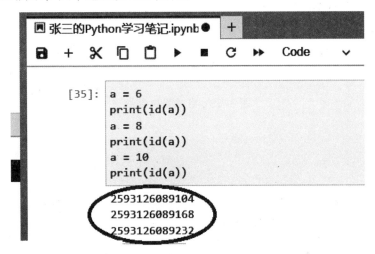

图 3-52　id 发生变化

若我们给一个变量进行多次赋值，且所赋的值相同，则每次赋值后此变量所在内存不会发生变化，我们可以用找内存函数 id() 来测试，如图 3-53 所示，圈中地址未发生变化。

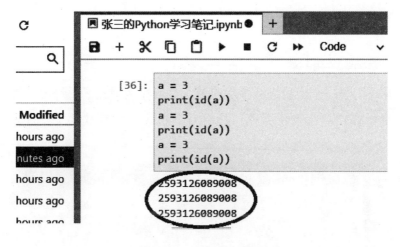

图 3-53　id 未发生变化

3.5　选择语句

语句分类

编程的语句有重要作用，在语句的作用下在执行代码过程中计算机可以做到选择性地跳过或执行某些代码，若是没有语句则在执行代码过程中只能一行行地按顺序往下执行。

编程的语句主要有三类，分别为选择语句、重复语句和跳转语句，当然还有其他语句，比如异常语句、上下文语句以及断言语句等。

Python 的一些常见语句，如表 3-4 所示。

表 3-4　Python 的一些常见语句

语句名称	选择语句	重复语句	跳转语句	异常语句	上下文语句	断言语句
常见写法	if	for、while	Break continue	try、except、raise	with	assert

关键字

关键字：在 Python 中有些字词是不能用来当作变量的，比如函数以及任何其他标识符的名字，这是因为它们在 Python 中有自己固定的含义。这些关键字包括 and、as、assert、break、class、continue、def、del、elif、else、except、False、finally、for、from、global、if、import、in 、is、lambda、None、nonlocal、not、or、pass 、raise 、return、True 、try、while 和 with 等。

我们还可以通过下面的代码来随意查看有哪些关键字，如图 3-54 所示。

```
[1]: import keyword
     print(keyword.kwlist)

['False', 'None', 'True', 'and', 'as', 'assert', 'async', 'await', 'break', 'class', 'continue', 'def', 'del', 'elif', 'else', 'except', 'finall
y', 'for', 'from', 'global', 'if', 'import', 'in', 'is', 'lambda', 'nonlocal', 'not', 'or', 'pass', 'raise', 'return', 'try', 'while', 'with', 'y
ield']
```

图 3-54　查看关键字

输入输出函数

输入函数为 input()；输出函数为 print()。

（1）输入函数 input()，我们先用命令提示符里面的交互式编程来测试输入函数。

第一步，首先按 Win + R 打开运行，输入 cmd，然后按回车。

第二步，输入 Python 接着按回车，就可以输入代码了。

第三步，输入 input()，然后按回车，接下来就可以输入我们想输入的内容，最后按回车即可出现我们输入的东西，如图 3-55 所示。

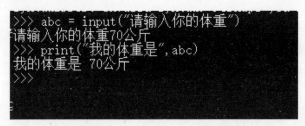

图 3-55　输入函数 input() 的使用

我们也可以把输入的内容赋值给一个变量，然后输出，如图 3-56 所示，我们将要输入的体重赋予变量 abc，在输出函数里面字符串"我的体重是"和变量 abc 之间使用了英文逗号，在输出多个内容时我们都可以将这些内容使用英文逗号隔开。

```
>>> abc = input("请输入你的体重")
请输入你的体重70公斤
>>> print("我的体重是",abc)
我的体重是 70公斤
>>>
```

图 3-56　输出函数 print() 的使用

（2）现在我们返回网页中练习。

第一步，将代码写入输出框中，点击运行将会出现如图 3-57 所示画面。

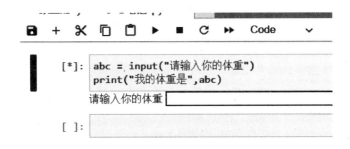

图 3-57　input() 运行效果

第二步，输入 70 公斤，输入体重后不要点击运行，直接按回车即可，如图 3-58 所示。

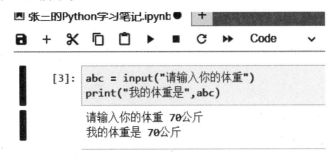

图 3-58　回车后效果

（3）我们知道每用一个函数 print() 就会在输出时多输出一行，这是因为函数 print() 的最后有一个隐藏的换行符 end = '\n'，所以在输出时默认在结尾换行，如图 3-59 所示。

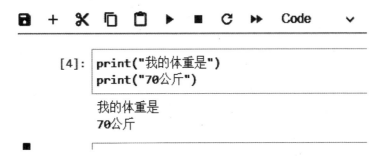

图 3-59　两个 print() 换行

当我们想把多行变成一行输出时，可以把隐藏的 end = '\n' 写出来，然后把换行符删掉或者换成别的符号，如图 3-60 所示。

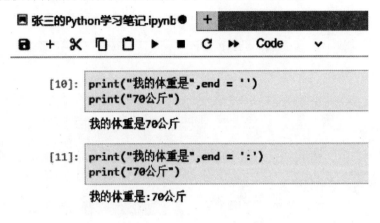

图 3-60 两个 print() 不换行

if、else 和 elif 语句

1. if 语句的注意事项

（1）if 语句也被称为分支语句，在一些流程图里面会进行分支，if 的汉语意思是如果。

（2）if 语句通过条件表达式的返回值（结果）来决定执行哪些代码。

（3）if 语句的格式。

if 条件表达式：

　　01 – 语句：如果满足条件表达式（条件表达式的返回值为 True），执行这行代码

注意：在 01 – 语句前面必须有四个空格，而且在条件表达式最后必须有英文冒号。

因为我们直接输入的数字其实是字符串，所以需要用函数 int() 或函数 float() 将其转换成数字方可比较，如图 3-61 所示。

```
🖫  +  ✂  🗐  🗋  ▶  ■  ⟳  ⏭    Code        ⌄
```

```
[20]: n = input("请输入学生分数")
      if n > 60:
          print("及格")

      print("结束")
```

请输入学生分数 70

```
-------------------------------------------------------------
TypeError                           Traceback (most recent call last)
Cell In[20], line 2
      1 n = input("请输入学生分数")
----> 2 if ███████:
      3     print("及格")
      5 print("结束")

TypeError: '>' not supported between instances of 'str' and 'int'
```

```
[21]: n = int(input("请输入学生分数:"))

      if n >= 60:
          print("及格")

      print("结束")
```

请输入学生分数: 70
及格
结束

图 3-61　input() 输入的是字符串

从图 3-61 可知，第一个程序因为没有把输入的数字进行转换，所以在执行的时候进行了报错；第二个程序进行了转换所以可以顺利执行。

当我们输入的分数小于 60，比如输入 40 时，因为这时 if 的条件表达式的返回值为 False，所以会跳过 01 – 语句，如图 3-62 所示。

```
[23]: n = int(input("请输入学生分数:"))

      if n >= 60:
          print("及格")

      print("结束")
```

请输入学生分数: 40
结束

图 3-62　跳过了 01 – 语句

2. else 语句的注意事项

（1）else 是否则的意思，在同一个 if 语句中 if 子句和 else 子句都只能有一个。

（2）格式如下：

if 条件表达式：

　　01 – 语句：如果满足条件表达式（条件表达式的返回值为 True），执行这行代码

else：

　　02 – 语句，当条件表达式的返回值为 False 时，执行这行代码

示例如图 3–63 所示。

```
[24]: n = int(input("请输入学生分数:"))

if n >= 60:
    print("及格")
else:
    print("不及格")
print("结束")
```

```
请输入学生分数: 40
不及格
结束
```

图 3–63　else 语句示例

3.elif 语句的注意事项

（1）elif 是 else 和 if 两者的缩写，有否则、若是的意思。

（2）elif 子句可以有多个。

（3）格式如下：

if 条件表达式：

　　01 – 语句：如果满足条件表达式（条件表达式的返回值为 True）执行这行代码

elif 条件表达式：

　　02 – 语句：当条件表达式返回值为 True 时，执行这行代码

elif 条件表达式：

03 – 语句：当条件表达式返回值为 True 时，执行这行代码

elif 条件表达式：

04 – 语句：当条件表达式返回值为 True 时，执行这行代码

示例如图 3-64 所示。

```
[4]:  n = int(input("请输入学生分数:"))

      if 0 <= n < 60:
          print("不及格")
      elif 60 <= n <75:
          print("及格")
      elif 75 <= n < 90:
          print("良好")
      elif 90 <= n <= 100:
          print("优秀")
      print("结束")
```

请输入学生分数: 40
不及格
结束

```
[5]:  n = int(input("请输入学生分数:"))

      if 0 <= n < 60:
          print("不及格")
      elif 60 <= n <75:
          print("及格")
      elif 75 <= n < 90:
          print("良好")
      elif 90 <= n <= 100:
          print("优秀")
      print("结束")
```

请输入学生分数: 83
良好
结束

图 3-64　elif 语句示例

4.if、else 和 elif 同时出现的情况

在图 3-64 演示的程序中，若是我们输入的数字是 999，明显数字 999 不在上述条件表达式的范围，这时我们可以在最后加上 else 语句，如图 3-65 所示。

```
[3]:  n = int(input("请输入学生分数:"))

      if n < 60:
          print("不及格")
      elif 60 <= n <75:
          print("及格")
      elif 75 <= n < 90:
          print("良好")
      elif 90 <= n <= 100:
          print("优秀")
      else:
          print("分数有误，请检查后重新输入")
      print("结束")
```

请输入学生分数：999
分数有误，请检查后重新输入
结束

图 3-65　if、elif、else 三者同时出现示例

嵌套选择语句

在同一个 if 语句中 if 和 else 均只能出现一次，而嵌套选择语句是指在 if、else、elif 中可以继续嵌套其他语句。

比如，我们可以使用嵌套选择语句来对学生的成绩进行分级，如图 3-66 所示。

```
[8]:  cj = int(input('请输入想要定级的学生分数'))

      if 0 <= cj <= 100:
          if cj < 60:
              print('不合格')
          elif 60 <= cj < 75:
              print('合格')
          elif 75 <= cj < 85:
              print('良好')
          else:
              print('优秀')
      else:
          print('成绩有误，请重新输入')
```

图 3-66　嵌套选择语句示例

```
请输入想要定级的学生分数 10086
成绩有误，请重新输入
```

```
[9]: cj = int(input('请输入想要定级的学生分数'))

if 0 <= cj <= 100:
    if cj < 60:
        print('不合格')
    elif 60 <= cj < 75:
        print('合格')
    elif 75 <= cj < 85:
        print('良好')
    else:
        print('优秀')
else:
    print('成绩有误，请重新输入')
```

```
请输入想要定级的学生分数 57
不合格
```

图 3-66　（续）

我们也可以使用嵌套选择语句来写出下面的代码。

BMI（Body Mass Index）指数是我们大家熟知的判断身体是否肥胖的一个标准，下面我们来写一个可以做到输入 BMI 指数运行后输出肥胖程度的程序，已知世界卫生组织给出的标准如下：

BMI = 体重 (kg) / [身高 (m)]^2　（本例只考虑 BMI 指数在 15~100 的情况，这个范围外的算数据错误）。

低体重：BMI < 18.5。

正常体重：BMI 18.5~24.9。

过重：BMI 25~29.9。

肥胖：BMI 30~34.9。

严重肥胖：BMI ≥ 35。

程序流程如下：

（1）用户输入体重（以千克为单位）和身高（以米为单位）。

（2）计算 BMI，公式是体重除以身高的平方。

（3）判断 BMI 是否在 15~100。这个范围被认为是合理的 BMI 的范围。如果不在这个范围内，将打印出"数据有误，请重新输入"的信息。

（4）若 BMI 在合理范围内，则根据其具体数值打印出"低体重""正常体重""过重""肥胖"或"严重肥胖"的信息，如图 3-67 所示。

```
[14]: m = float(input('请输入体重是多少公斤'))
      n = float(input('请输入身高是多少米'))
      bmi = float(m / (n ** 2))
      if 15 < bmi < 100:
          if bmi < 18.5:
              print('低体重')
          elif 18.5 <= bmi < 25:
              print('正常体重')
          elif 25 <= bmi < 30:
              print('过重')
          elif 30 <= bmi < 35:
              print('肥胖')
          else:
              print('严重肥胖')
      else:
          print('数据有误，请重新输入')
```

```
请输入体重是多少公斤 75
请输入身高是多少米 1.81
正常体重
```

图 3-67　BMI 计算程序编码

if 与流程图

流程图是将程序图形化的方法，相比程序语言来说，流程图更通俗易懂，高中阶段的数学也会涉及基本的程序流程图。

流程图相关图形如图 3-68 所示。

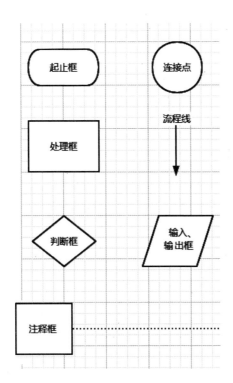

图 3-68　流程图相关图形

我们可以将如图 3-69 所示的编程以流程图的形式表示出来。

```
[8]: cj = int(input('请输入想要定级的学生分数'))

if 0 <= cj <= 100:
    if cj < 60:
        print('不合格')
    elif 60 <= cj < 75:
        print('合格')
    elif 75 <= cj < 85:
        print('良好')
    else:
        print('优秀')
else:
    print('成绩有误，请重新输入')
```

图 3-69　流程图的对应编码

请输入想要定级的学生分数 **10086**
成绩有误，请重新输入

```
[9]: cj = int(input('请输入想要定级的学生分数'))

if 0 <= cj <= 100:
    if cj < 60:
        print('不合格')
    elif 60 <= cj < 75:
        print('合格')
    elif 75 <= cj < 85:
        print('良好')
    else:
        print('优秀')
else:
    print('成绩有误，请重新输入')
```

请输入想要定级的学生分数 57
不合格

图 3-69　流程图的对应编码

　　流程图如图 3-70 所示（绘制流程图使用的软件是 WPS，我们也可以登录网址 https://app.diagrams.net/，在这个网址上进行流程图的绘制）。

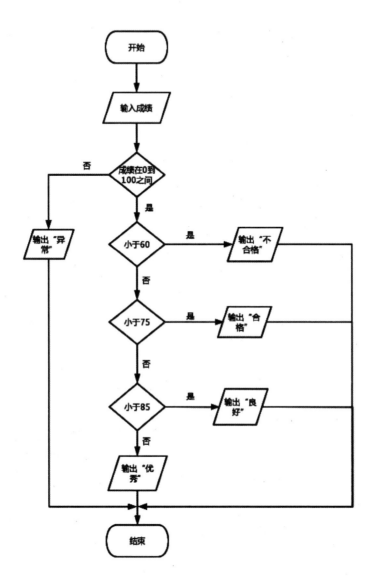

图 3-70　编码的对应流程图

字面量与 if 用法

下面内容了解即可。

（1）在 Python 中，若是使用布尔类型，也就是 True 和 False，只有 0 和空字符串代表假值，其他的无论数字还是字符串都代表真值，因此在 Python 中 if 表达式可以直接使用这些数字或者字符串，甚至是算术表达式来作为判断依据。

（2）if 表达式与数字、字符串，如图 3-71 所示。

```
[17]:  if 3:
           print('这是3')

       if '汉字':
           print('这是汉字')

       这是3
       这是汉字

[18]:  if 0:
           print('这是0')

       if '':
           print('这是空的字符串')

[ ]:  |
```

图 3-71　数字、字符串作为真假值

从图 3-71 可以看出，若 if 表达式是 0 或者空字符串，程序运行后没有输出结果但是也没有报错，说明也可以运行，因为 0 和空字符串代表假值 False，所以不输出结果。

（3）if 与算术表达式，如图 3-72 所示。

```
[19]:  if 3 + 3:
           print('3 + 3')
       if 5 - 3:
           print('5 - 3')

       3 + 3
       5 - 3

[20]:  if 3 - 3:
           print('3 - 3')
       if 5 - 5:
           print('5 - 5')
```

图 3-72　if 与算术表达式

从图 3-72 可以看出，3 – 3 和 5 – 5 的值都是 0，也就是假值 False，所以不会输出结果。

（4）if 与算术、关系表达式以及变量，如图 3-73 所示。

```
[22]: if 6 - 4 > 1:
          print('6 - 4 > 1')
      n = 2
      if n:
          print('这是',+ n)

      6 - 4 > 1
      这是 2

[23]: if 6 - 4 > 5:
          print('6 - 4 > 5')

[ ]:
```

图 3-73　if 与算术、关系表达式以及变量

3.6　循环语句

循环语句也被称为重复语句，它的作用是可以重复地执行我们想执行的代码，循环语句有非常重要的作用，比如，当我们想把自己的名字打印一万遍时，若是使用 print()，毫无疑问需要把自己的名字输入一万次才能输出一万次，但是用循环语句只需要几行代码即可。

赋值运算

1. 赋值运算符

赋值运算符的名称及解释如表 3-5 所示。

表 3-5   赋值运算符的名称及解释

赋值运算符	名称	解释
=	简单的赋值运算符	c = 1：把 1 赋值给 c
+=	加法赋值运算符	c += a 等效于 c = c + a
-=	减法赋值运算符	c -= a 等效于 c = c - a
*=	乘法赋值运算符	c *= a 等效于 c = c * a
/=	除法赋值运算符	c /= a 等效于 c = c / a
%=	取模赋值运算符	c %= a 等效于 c = c % a
**=	次幂赋值运算符	c **= a 等效于 c = c ** a
//=	去整除赋值运算符	c //= a 等效于 c = c // a

2. 赋值运算符编程示例

赋值运算符编程示例如图 3-74 所示。

```
[1]: a = 2
     a = a + 3
     print(a)

     5
```

```
[2]: a = 2
     a += 3
     print(a)

     5
```

图 3-74   赋值运算符编程示例

3. 赋值运算符的优先级

赋值运算符的优先级低于关系运算符，示例如图 3-75 所示。

```
[3]: a = 1
     b = 2
     c = 3
     c += b > a
     print(c)
     4
```

```
[4]: a = 1
     b = 2
     c = 3
     c = c + b > a
     print(c)
     True
```

图 3-75　对应优先级示例

在图 3-75 中的第一个程序中，"c += b > a"这个式子会先算"b > a"，也就是"2 > 1""2 > 1"是个真值，数字 1 代表真值，所以这个式子下一步就变为"c += 1"，所以最终输出的结果是 4。

在图 3-75 中的第二个程序中，"c = c + b > a"这个式子会先算"c + b"，也就是"3 + 2"（因为算术表达式操作符的优先级高于比较运算符），所以这个式子下一步就变成了"c = 5 > a"，这里再接着算"5 > a"，也就是"5 > 1"，这是真值 True，即最终结果就是"c = True"，所以最终输出的结果是 True。

注意：我们使用的 Jupyter 是有上下文联系的，比如，我们在第一个输入框，对变量"a"赋值之后运行，若没有删除第一个对话，则在之后的输入框中变量"a"也相当于被赋值了，如图 3-76 所示。

```
[5]: a = 3
     print(a)
     3
```

```
[6]: print(a)
     3
```

图 3-76　Jupyter 的上下文联系

Jupyter 的 debug

debug 的意思是对 bug 进行调试跟踪，我们可以用 debug 功能来对写的程序进行调试跟踪，排查故障，所以熟练使用这个功能就变得相当重要。

断点是指在运行 debug 功能时停止的代码位置，点击如图 3-77 所示圈出的地方即可开启 debug 功能。

图 3-77　开启 debug 功能处

点击图 3-77 中圈出的图标等待图标变红，可以发现程序每一行前面都加上了序号（图 3-78），我们把鼠标放到序号上可以发现在序号前方出现了小红点，选中行数后点击鼠标左键红点就固定在了序号前面，这一行就变成了断点。

在 debug 功能开启后，网页右侧还出现了其他小窗口，如图 3-78 所示。

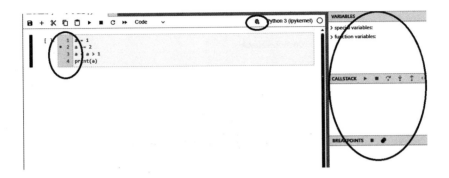

图 3-78　debug 功能开启后的各功能

比如，现在我们选中程序第一行，然后点击执行（第一步执行），界面如图 3-79 所示。

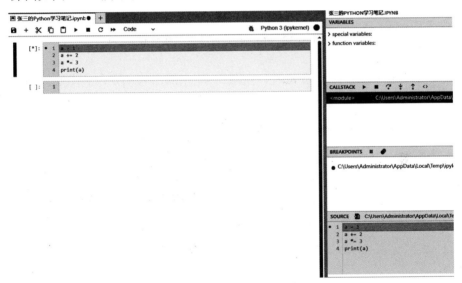

图 3-79　debug 功能第一步执行后

在界面右侧的位置有下一步的图标，点击这个图标就会往下运行一行代码来查找有无错误，如图 3-80 所示。

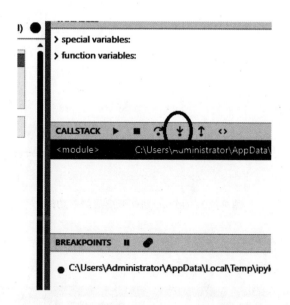

图 3-80　debug 功能下一步执行处

当我们点击下一步按钮后，在图 3-81 中圈出的地方，会出现代码运行到这一步时的输出结果。

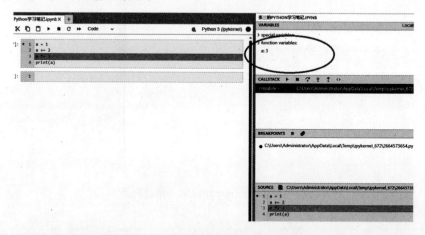

图 3-81　debug 功能运行实时结果

我们可以用 debug 功能来对之前写的一些程序进行错误查找。

while 循环语句

while 循环语句的格式（注意事项为有英文冒号，代码块前空四格）如下：

while 表达式 :

　　01 - 代码块（循环体）

while 的运行方式：当程序运行到 while 循环语句时，程序会先对 while 后边的表达式进行运算，运算结果如果为真值，那么就会进入下方的代码块（循环体），运行一次循环体后程序会再次返回 while 循环语句，然后不断重复上述流程，直到表达式的结果为假值，循环结束。

比如，我们想把名字"张三"打印 10 次，现在用 while 循环语句来编写程序，如图 3-82 所示。

```
[6]: n = 1
     while n <= 10:
         print(f'{n}张三')
         n += 1
     print('十次打印结束')

1张三
2张三
3张三
4张三
5张三
6张三
7张三
8张三
9张三
10张三
十次打印结束
```

图 3-82　while 循环语句使用示例

图 3-82 中的 print(f'{n} 张三 ') 中字母"f"的意思相当于拼接，把大括号里面的"n"和张三拼接在一起，这是一个非常好用的小技巧，比用加号方便很多，我们可以自己多练习几遍，如图 3-83 所示。

```
[10]:  a = 1
       a += 2
       c = '你好'
       print(f'{a}c')

       3c
```

图 3-83　拼接小技巧示例

比如，我们想要从数字 1 到 5 的立方值，可以使用如图 3-84 所示的程序。

```
[4]:  i = 1
      while i <= 5:
          print(f'{i}    {i ** 3}')
          i += 1
      print('结束')

      1    1
      2    8
      3    27
      4    64
      5    125
      结束
```

图 3-84　数字 1 到 5 的立方值

while 的无限循环与嵌套循环

1. 无限循环

无限循环是指 while 的表达式永远为真值，循环会永远进行下去，不会停止。其常用格式如下：

```
while 1:
    01 - 被循环的程序
print('OK')
```

　　因为该循环是无限循环，所以永远不会输出最终结果，而且程序被无限循环地运行导致永远无法执行下一段代码，我们也将这种情况称为死循环或者被堵塞，我们必须终止它才能让后面的代码被执行，示例如图 3-85 所示。

```
[5]: while 1:
         print('你好')
     print('程序结束')
     你好
     你好
     你好
     你好
     你好
     你好
     你好
     你好
     你好
     你好
     你好
     你好
     你好
     你好
     你好
     你好
     你好
```

图 3-85　无限循环示例

　　无限循环如果一直快速运行，可能会导致电脑死机，不过有时我们会用到无限循环，这时我们可以给这个循环设置时间，如图 3-86 所示。

```
[*]: import time
     while 1:
         print('你好')
         time.sleep(3)
     print('程序结束')
     你好
     你好
     你好
     你好
```

图 3-86　带时间的无限循环

在图 3-86 中我们在开头引入时间模块，代码 time.sleep(3) 的意思是间隔 3 秒，这时点击运行后我们会发现每过 3 秒会输出一个"你好"。

2. 嵌套循环

所谓嵌套循环就是循环里面套循环，理论上嵌套循环就像俄罗斯套娃一样可以无限的嵌套，但是我们往往不会嵌套太多次，一是为了代码简洁容易检查，二是为了不容易出错。while 的嵌套循环格式如下（注意英文冒号和空四格）：

while 表达式：

01-- 代码块

while 表达式：

　02-- 代码块

我们来进行一个简单的练习，示例如图 3-87 所示。

```
[13]:   1  import time
        2  a = 1
        3  while a <= 3:
        4      print('世界: ')
        5      n = 5
        6      while n < 8:
        7          print('\t你好')
        8          n += 2
        9      a += 1
       10  print('结束')
```

世界:
　　你好
　　你好
世界:
　　你好
　　你好
世界:
　　你好
　　你好
结束

图 3-87　嵌套循环示例

图 3-87 中 \t 代表空八格，我们也可以不用这个符号而用空格键。

我们可以尝试用 while 的嵌套循环来编写乘法表，如图 3-88 所示。

```
[7]:  i = 1
      while i <= 9:
          j = 1
          while j <= i:
              print(f'{j}*{i}={j*i}',end=" ")
              j += 1
          print()
          i += 1
      print('结束')
```

```
1*1=1
1*2=2 2*2=4
1*3=3 2*3=6 3*3=9
1*4=4 2*4=8 3*4=12 4*4=16
1*5=5 2*5=10 3*5=15 4*5=20 5*5=25
1*6=6 2*6=12 3*6=18 4*6=24 5*6=30 6*6=36
1*7=7 2*7=14 3*7=21 4*7=28 5*7=35 6*7=42 7*7=49
1*8=8 2*8=16 3*8=24 4*8=32 5*8=40 6*8=48 7*8=56 8*8=64
1*9=9 2*9=18 3*9=27 4*9=36 5*9=45 6*9=54 7*9=63 8*9=72 9*9=81
结束
```

图 3-88　while 的嵌套循环编写乘法表

注：图 3-88 中的 print() 起的是换行的作用，下面为这段程序的详细解释。

（1）首先，我们从数字 1 开始，将其赋值给变量"i"。

（2）进入第一个循环（外循环）。只要"i"小于或等于 9，就会一直执行循环内的代码。

（3）在每次进入外循环时，我们将变量"j"重置为 1。

（4）进入第二个循环（内循环）。只要"j"小于或等于"i"，就会一直执行循环内的代码。

（5）在内循环中，我们使用函数 print() 打印乘法表达式，例如 1*1=1、1*2=2、2*2=4，以此类推。

（6）每次打印完一个乘法表达式后，我们将"j"的值加 1，以便进行下一列的计算。

（7）重复步骤（4）~（6），直到"j"的值大于"i"。

（8）在内循环结束后，使用函数 print() 打印一个换行符，以便开始下一行的输出。

（9）将"i"的值加1，以便进行下一行的计算。

（10）重复步骤（2）~（9），直到"i"的值大于9。

（11）循环结束后，使用函数 print() 打印字符串"结束"，这表示程序执行结束。

for 循环与相关函数

1. for 循环

for 循环的格式如下：

for 循环变量 in 可以遍历的结构：

　　01 –代码块（重复执行的代码）

可以遍历的结构：比如，一名大学老师在上课前会点名查学生到位情况，老师点名的过程就是在遍历所有学生名字，老师用的学生名单就是一个可以遍历的结构。

循环变量：老师每点到一个名字，这个名字就会被放到循环变量里面。

我们现在做一个有关点名的 for 循环示例，如图 3–89 所示。

```
stus = ['张三','李四','王五','赵六']
for name in stus:
    print(name)
```

```
张三
李四
王五
赵六
```

图 3-89　for 循环示例

　　注：程序中 stus 是容器的意思，中括号 [ ] 是列表结构，里面可以包含很多元素，每个元素之间用英文逗号或者分号隔开，这个中括号就是一个可以遍历的结构，从张三开始按顺序一直到赵六，元素张三排在第 0 位，这里需要注意，在程序中数字是从 0 开始的，接下来我们可以用 debug 功能来对程序进行每一步的检查。

2. 相关函数

　　函数 enumerate() 是一个内置函数，在 Python 中用于将一个可以遍历的结构（如列表、元组或字符串）组合成一个索引序列，同时返回索引和对应的元素。

　　当我们想把名字打印出来并在名字前面加上序号时，按照之前的知识编写程序，如图 3-90 所示。

```
[4]: stus = ['张三','李四','王五','赵六']
     i = 0
     for name in stus:
         print(f'{i}.{name}')
         i += 1

     0.张三
     1.李四
     2.王五
     3.赵六
```

图 3-90　带序号打印名字

我们也可以使用函数 enumerate() 按如图 3-91 方式来编写程序。

```
[6]: stus = ['张三','李四','王五','赵六']
     for i,name in enumerate(stus):
         print(f'{i}.{name}')

     0.张三
     1.李四
     2.王五
     3.赵六
```

图 3-91　函数 enumerate() 使用示例

图 3-91 中的循环变量除了"name"还有"i","i"的作用就是表示函数 enumerate( ) 的索引（也可以理解为序号）。

函数 range( ) 是一个内置函数，它的作用是生成一个有序的整数数列，它的格式为 range(起始数字 , 终止数字 , 步长)，当没有步长时默认为 1。

比如，函数 range(0,6) 生成的就是 0,1,2,3,4,5，不生成终止数字。

比如，函数 range(0,10,2) 生成的就是 0,2,4,6,8,同样不生成终止数字。

如图 3-92、图 3-93 所示（我们可以用 debug 来追踪下看每一步是怎么运行的）。

```
[8]: for i in range(0,6):
         print(f'{i}')
```
```
0
1
2
3
4
5
```

图 3-92　不带步数示例

```
[9]: for i in range(0,10,2):
         print(f'{i}')
```
```
0
2
4
6
8
```

图 3-93　带步数示例

退出循环

我们前面学习了两个循环 while 循环和 for 循环，其中 while 循环可以根据表达式的真假来控制退出，for 循环可以根据列表的长度来控制退出。

我们也可以使用 break 来退出循环，或者使用 continue 来跳出循环（continue 之后的代码不会执行）。

比如，我们使用 break，在如图 3-94 所示代码后接着编写，直到从变量 "M" 找到红色，找到后就停止程序。

```
[ ]:  y = input('请输入你想找到的颜色：')
      M = ['黑色','橙色','黄色','红色','绿色','蓝色']
```

图 3-94　包含各种颜色的列表

第一次编码如图 3-95 所示。

```
[11]:  y = input('请输入你想找到的颜色：')
       M = ['黑色','橙色','黄色','红色','绿色','蓝色']
       for a in M:
           if a == y:
               print(f'已找到{y}!!!')
           else:
               print(f'未找到{y}...')
       print('查找完成')

       请输入你想找到的颜色： 红色
       未找到红色...
       未找到红色...
       未找到红色...
       已找到红色!!!
       未找到红色...
       未找到红色...
       查找完成
```

图 3-95　结果不带序号的查找代码

为了直观知道是第几次找到的红色，我们使用函数 enumerate() 来加上序号，第二次编码如图 3-96 所示。

```
[12]: y = input('请输入你想找到的颜色：')
      M = ['黑色','橙色','黄色','红色','绿色','蓝色']
      for i,a in enumerate(M):
          if a == y:
              print(f'{i}已找到{y}!!!')
          else:
              print(f'{i}未找到{y}...')
      print('查找完成')
```

```
请输入你想找到的颜色： 红色
0未找到红色...
1未找到红色...
2未找到红色...
3已找到红色!!!
4未找到红色...
5未找到红色...
查找完成
```

图 3-96   结果带序号的查找代码

接下来使用 break 在找到红色后直接终止循环，因为不用再继续找了，第三次编码如图 3-97 所示。

```
[13]: y = input('请输入你想找到的颜色：')
      M = ['黑色','橙色','黄色','红色','绿色','蓝色']
      for i,a in enumerate(M):
          if a == y:
              print(f'{i}已找到{y}!!!')
              break
          else:
              print(f'{i}未找到{y}...')
      print('查找完成')
```

```
请输入你想找到的颜色： 红色
0未找到红色...
1未找到红色...
2未找到红色...
3已找到红色!!!
查找完成
```

图 3-97   带终止的代码

我们想从一些人名中找到赵六的名字，赵六因为受伤了不能上体育课，其他人可以去上体育课，续写如图 3-98 所示的程序。

```
y = input('请输入你要找的人名字：')
M = ['张三','李四','王五','赵六','孙七','吴九','郑十']
```

图 3-98　包含很多名字的列表

第一次编码如图 3-99 所示。

```
[14]: y = input('请输入你要找的人名字：')
      M = ['张三','李四','王五','赵六','孙七','吴九','郑十']
      for i in M:
          if i == y:
              print(f'已找到{i},{i}因为受伤不能去上体育课')
          else:
              print(f'{i}可以去上体育课')
```

请输入你要找的人名字：　赵六
张三可以去上体育课
李四可以去上体育课
王五可以去上体育课
已找到赵六,赵六因为受伤不能去上体育课
孙七可以去上体育课
吴九可以去上体育课
郑十可以去上体育课

图 3-99　使用 else 的查找代码

我们也可以使用 continue 来实现相同效果，如图 3-100 所示。

```
[18]:  y = input('请输入你要找的人名字：')
       M = ['张三','李四','王五','赵六','孙七','吴九','郑十']
       for i in M:
           if i == y:
               print(f'已找到{i},{i}因为受伤不能去上体育课')
               continue
           print(f'{i}可以去上体育课')
```

请输入你要找的人名字： 赵六
张三可以去上体育课
李四可以去上体育课
王五可以去上体育课
已找到赵六,赵六因为受伤不能去上体育课
孙七可以去上体育课
吴九可以去上体育课
郑十可以去上体育课

图 3-100　使用 continue 的查找代码

图 3-100 中 continue 之后的同级或下级的代码不会再运行，而是将直接跳过，跳到 for 循环上。图中 3-100 找到赵六后运行代码：

print(f' 已找到 {i},{i} 因为受伤不能去上体育课 ')

之后经过 continue 直接跳到 for 循环，而不会在这一次的循环里再运行代码：

print(f'{i} 可以去上体育课 ')

所以在输出结果里面没有 "赵六可以去上体育课"。

我们也可以用 debug 对代码进行追踪，看看每一步是如何运行的。
for 循环中的嵌套循环，示例如图 3-101 所示。

```
[19]: for a in range(1,5):
          print(f'外循环第{a}次:')
          for b in range(1,6,3):
              print(f'\t内循环中的{b}')
```

外循环第1次:
　　　　内循环中的1
　　　　内循环中的4
外循环第2次:
　　　　内循环中的1
　　　　内循环中的4
外循环第3次:
　　　　内循环中的1
　　　　内循环中的4
外循环第4次:
　　　　内循环中的1
　　　　内循环中的4

图 3-101　for 循环中的嵌套循环

第 4 章
Python 相关函数
与复合数据类型

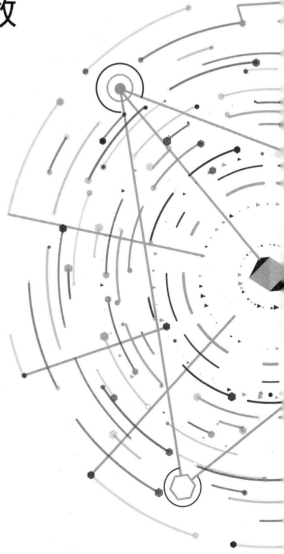

4.1　函数的定义与调用

什么是函数

函数：若我们将一段代码放到一起并给其起一个专门的名字，之后可以通过使用这个名字来重复使用这段代码，这种有名字的代码叫作函数。

我们在创建一个函数后需要调用这个函数的名字，不然函数是不会生效的。

如何定义和调用函数

定义的格式如下：

def average(a,b) :

　　01 - 函数体

其中 def 是 define 的缩写，有定义的意思；average 是函数名字，这里是平均数的意思（注意英文冒号和空四格）；（a,b）括号里面的 "a,b" 叫作形参，是变量。

调用的格式如下：

average(1,2)

（1,2）括号里面的 1,2 是传递的参数，叫作实参，分别对应形参中的 a,b，在对应上是有顺序的。

我们可以自己练习一下，如图 4-1 所示。

```
[1]:   def abcd():
           print('你好')
       abcd()

       你好

[3]:   def abcd():
           print('你好')
       for i in range(0,3):
           abcd()

       你好
       你好
       你好
```

图 4-1　定义函数示例

注意：我们自定义的函数括号里面可以空着但是括号必须有，图 4-1 中我们把函数命名为 abcd()，函数体是输出"你好"，也就是说只要我们调用函数 abcd() 就可以输出"你好"；代码中的 for 循环和函数 range() 详情见第 3 章。

我们也可以自定义求平均数和求乘积的函数，示例如图 4-2 所示。

```
[4]: def average(a,b,c):
         print((a + b + c) / 3)
     average(4,6,8)
```

　　6.0

```
[5]: def product(a,b,c,d):
         print(a * b * c * d)
     product(2,3,4,5)
```

　　120

图 4-2　定义求平均数和求乘积的函数

　　注意：我们在对自定义的函数进行命名时不要使用内置函数，这样可以防止冲突，另外函数其实也是表达式（小技巧：若是代码中字体显示绿色则说明是内置关键字）。

返回函数

　　任何函数都有返回值，我们用 return 返回一个值给调用者，若不使用 return 返回任何内容就会默认返回 None，如图 4-3 所示。

```
[7]: def product(a,b,c,d):
         print(a * b * c * d)
     print(product(2,3,4,5))
```

　　120
　　None

图 4-3　不使用 return 返回

　　当使用 return 返回内容时，示例如图 4-4 所示。

```
[8]: def product(a,b,c,d):
         return a * b * c * d
     print(product(2,3,4,5))
```

120

```
[9]: def product(a,b,c,d):
         return a * b * c * d
     n = product(2,3,4,5)
     print(n)
```

120

图 4-4　使用 return 返回

我们也可以使用 return 返回多个值，如图 4-5 所示。

```
[10]: def product(a,b):
          return a - 1,b + 6
      x,y = product(2,3)
      print(x,y)
```

1 9

图 4-5　使用 return 返回多个值

函数的三元表达式

三元表达式也叫三目表达式，是一种 if else 的简写形式，我们知道 if else 的表达式最少有四行，三元表达式可以将多行代码简写成一行。

if else 的格式如下：

if 条件表达式：

01 - 语句：如果满足条件表达式（条件表达式的返回值为 True），执行这行代码

else：

    02 – 语句，当条件表达式的返回值为 False 时执行这行代码。

三元表达式的格式如下：

01 – 语句 if 条件表达式 else 02 – 语句

在不使用三元表达式的情况下，写一个找出两数中较大数的函数，如图 4-6 所示。

```
[1]: def bj(a,b):
         if a >= b:
             print(a)
         else:
             print(b)
     bj(33,44)

     44
```

```
[4]: def bj(a,b):
         if a >= b:
             return a
         else:
             return b
     print(bj(33,44))

     44
```

图 4-6　不使用三元表达式

在使用三元表达式的情况下如图 4-7 所示。

```
[6]: def bj(a,b):
         return a if a >= b else b
     print(bj(33,44))

     44
```

图 4-7　使用三元表达式

参数的位置与默认值

前面我们提到过形参和实参的位置要相互匹配，通常情况下它们确实是要相互匹配的，比如，两个参数可能分别代表体重和身高，这时顺序是不能乱的，因为在调用时需要按顺序传递实参，示例如图 4-8 所示。

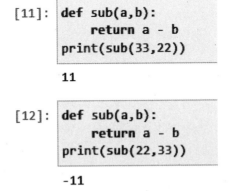

```
[11]: def sub(a,b):
          return a - b
      print(sub(33,22))

      11
```

```
[12]: def sub(a,b):
          return a - b
      print(sub(22,33))

      -11
```

图 4-8　形参和实参的位置要相互匹配

有些参数并非必须传递的，我们也可以在自定义函数时给参数设置默认值，比如，我们之前说过函数 print() 会自动换行，因为在函数 print() 中的 end 参数的默认值就是 "\n" 换行。

我们在自定义函数或者其他标识符时只要注意不使用关键字和数字，命名尽量通俗易懂即可，即使使用汉字也是可以的，如图 4-9 所示。

```
[13]: def 减法(a,b):
          return a - b
      print(减法(33,22))

      11
```

图 4-9　以汉字为函数名

我们设置默认值的格式如下：

def 函数名（x,y=3）

    函数体

在这个自定义函数中，我们将"y"的值默认为3，在之后的调用中若我们不给"y"赋新的值则默认为3，若赋了新的值则使用新的值，如图4-10所示。

```
[22]:  def 减法(x,y=3):
           return x + 1 , y - 2
       a,b = 减法(2)
       print(a,b)

       3 1
```

```
[23]:  def 减法(x,y=3):
           return x + 1 , y - 2
       a,b = 减法(2,5)
       print(a,b)

       3 3
```

图4-10　设置默认值

我们还可以将之前写的乘法表设置成新的函数，如图4-11所示。

```
[8]:  def 乘法表(n):
          i = 1
          while i <= n:
              j = 1
              while j <= i:
                  print(f'{j}*{i}={j*i}',end=" ")
                  j += 1
              print()
              i += 1
      乘法表(6)
```

```
1*1=1
1*2=2 2*2=4
1*3=3 2*3=6 3*3=9
1*4=4 2*4=8 3*4=12 4*4=16
1*5=5 2*5=10 3*5=15 4*5=20 5*5=25
1*6=6 2*6=12 3*6=18 4*6=24 5*6=30 6*6=36
```

图4-11　乘法表设置成函数

关键字参数

我们可以在传递实参时使用关键字参数指定形参，这样就可以忽略参数的顺序，如图 4-12 所示。

```
[6]: def 体型(身高,体重):
         print(f'我{身高}cm高,{体重}kg重')
     体型(181,75)
```

我181cm高,75kg重

```
[7]: def 体型(身高,体重):
         print(f'我{身高}cm高,{体重}kg重')
     体型(体重=75,身高=181)
```

我181cm高,75kg重

图 4-12　关键字参数指定形参

可变长度参数

之前我们学习的参数都是个数有限或者是个数固定的，但有时我们需要传递任意多个参数，此时就用到了可变长度参数，可变长度参数共分两种：一种是无关键字参数，另一种是有关键字参数。

无关键字参数格式如下：

def 函数名 (* 变量)：

　　for a in 变量：

函数名 ()

示例如图 4-13、图 4-14 所示。

```
[9]:  def 求和(*qh):
          n = 0
          for x in qh:
              n += x
          print(n)
      求和(1,2,3,4,5)
```

15

图 4-13　无关键字参数

```
[10]:  def 求和(*qh):
           n = 0
           for x in qh:
               n += x
           return n
       求和(1,2,3,4,5)
```

[10]: 15

图 4-14　无关键字参数

有关键字参数（暂时做到了解即可）格式如下：

def 函数名 (** 变量)：

　　for a in 变量 :

函数名 ()

示例如图 4-15 所示。

```
[11]:  def 小组(**bl):
           for a in bl:
               print(a)
       小组(一组=['张三','李四'],二组=['王五','赵六'])
```

一组
二组

```
[14]:  def 小组(**bl):
           for a in bl.values():
               print(a)
       小组(一组=['张三','李四'],二组=['王五','赵六'])
```

['张三', '李四']
['王五', '赵六']

```
[15]:  def 小组(**bl):
           for a in bl.keys():
               print(a)
       小组(一组=['张三','李四'],二组=['王五','赵六'])
```

一组
二组

```
[16]:  def 小组(**bl):
           for a in bl.values():
               for b in a:
                   print(b)
       小组(一组=['张三','李四'],二组=['王五','赵六'])
```

张三
李四
王五
赵六

图 4-15　有关键字参数

变量作用域

根据变量的作用范围，变量分为局部变量和全局变量。

局部变量是在函数或代码块内部定义的变量，只在其所在的作用域内可见和可访问。局部变量只在其被定义的函数或代码块执行期间存在，并在函数或代码块执行结束后被销毁，如图 4-16 所示。

```
[22]: def zh():
          mk = '大家好'
          return mk
      print(mk)
```

```
-------------------------------------------------------------------
NameError                                Traceback (most recent call last)
Cell In[22], line 4
      2       mk = '大家好'
      3       return mk
----> 4 print(mk)

NameError: name 'mk' is not defined
```

图 4-16　局部变量使用示例

　　图 4-16 中在函数结束后当我们还想输出变量"mk"时，程序直接报错并显示没有发现"mk"这个变量，这是因为"mk"作为函数内的变量，属于局部变量，在函数运行结束后就被销毁了，所以显示找不到。

　　全局变量是在整个程序中都可见和可访问的变量，即它可以在程序的任何地方被引用。全局变量通常在模块的顶层定义，或者在函数内部使用关键字 global 声明。全局变量在程序的执行过程中会一直存在，直到程序结束或被删除。

　　全局变量和局部变量同时存在且名字相同的示例如图 4-17 所示。

```
[20]: nh = '你好'
      def zh():
          nh = '大家好'
          return nh
      print(zh())
      print(nh)
```

大家好
你好

图 4-17　全局变量和局部变量的调用

　　示例详解：图中开头的"nh = ' 你好 '"就是全局变量，在我们定义的函数 zh() 中"nh"就是局部变量，这两个变量的名字我们设置成了一样的，但是局部变量只在函数内部生效，在函数外不生效，所以即使名字一样也不会影响全局变量，由图 4-17 可以看出，print(nh) 最后输出的是全局变量的赋值"你好"，而不是函数内部的局部变量赋值"大家好"。

模块：我们在讲文件扩展名时讲到过扩展名 .py，一个 py 文件就是一个模块。

局部变量和全局变量的区别：局部变量只能在函数内部使用，除了这个函数，其他函数或代码块不能使用；全局变量可以被同一个模块下的代码访问，其他函数也可以访问，函数无法直接修改全局变量，若要修改则需要使用关键字 global，如图 4-18 所示。

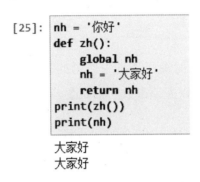

```
[25]:  nh = '你好'
       def zh():
           global nh
           nh = '大家好'
           return nh
       print(zh())
       print(nh)

       大家好
       大家好
```

图 4-18　使用关键字 global

匿名函数

我们使用 lambda 来定义单行的匿名函数，格式如下：

lambda 参数 1, 参数 2: 函数体

lambda 表示一个匿名函数，后面没有括号 ()，也没有函数名字，可以直接写要传递的参数，英文冒号 : 的后面就是函数体，示例如图 4-19 所示。

[29]:
```
# 我们要买苹果，用m表示个数，用n表示苹果单价
# 现在定一个匿名函数来计算买苹果需要消耗的资金
y = lambda m,n:m*n
print(y(10,20))
```

200

图 4-19　使用 lambda

递归函数与嵌套函数

递归函数在不同的编程语言中使用的频率不同，我们使用的较少，另外函数里面也是可以嵌套函数的，如图 4-20 所示。

[31]:
```
def 外函数(a):
    def 内函数(b):
        return a * b
    return 内函数(6)
外函数(3)
```

[31]: 18

图 4-20　嵌套函数

4.2　内置函数

什么是内置函数

在 Python 编程语言中，内置函数是预先定义好的函数，你可以在任何地方、任何时间直接使用，而不需要进行任何类型的导入或配置。

如何查看内置函数

我们可以登录 Python 的官网来查看内置函数，首先我们打开 Python 的官网，用鼠标点击"Documentation"，接着点击"Docs"，如图 4-21 所示。

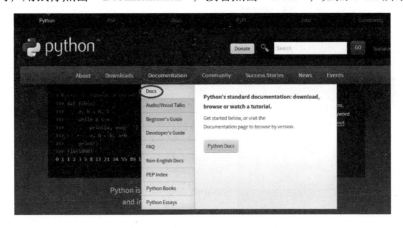

图 4-21　登录 Python 的官网

点进去后接着点击"Python Docs",如图4-22所示。

图4-22 点击 Python Docs 的界面

点进去后可以在语言一栏中把语言换成简体中文(Simplified Chinese),然后点击标准库参考,另外在网页左侧可以选择不同版本的Python,如图4-23所示。

图4-23 语言换成简体中文

点进去后，再点击内置函数即可查看有哪些内置函数，并且点击某个函数之后还可以查看函数详情，如图 4-24、图 4-25 所示。

In addition to the standard library, there is an active colle
individual programs and modules to packages and entire
the Python Package Index.

- 概述
  - 可用性注释
- 内置函数
- 内置常量
  - 由 site 模块添加的常量
- 内置类型
  - 逻辑值检测
  - 布尔运算 — and, or, not
  - 比较运算
  - 数字类型 — int, float, complex
  - 迭代器类型
  - 序列类型 — list, tuple, range
  - 文本序列类型 — str
  - 二进制序列类型 — bytes, bytearray, memoryview
  - 集合类型 — set, frozenset

图 4-24　标准库参考界面

内置函数

Python 解释器内置了很多函数和类型，任何时候都能使用。以下按字母顺序给出列表。

内置函数			
A	**E**	**L**	**R**
abs()	enumerate()	len()	range()
aiter()	eval()	list()	repr()
all()	exec()	locals()	reversed()
any()			round()
anext()	**F**	**M**	
ascii()	filter()	map()	**S**
	float()	max()	set()
B	format()	memoryview()	setattr()
bin()	frozenset()	min()	slice()
bool()			sorted()
breakpoint()	**G**	**N**	staticmethod()
bytearray()	getattr()	next()	str()
bytes()	globals()		sum()
		O	super()
C	**H**	object()	
callable()	hasattr()	oct()	**T**
chr()	hash()	open()	tuple()
classmethod()	help()	ord()	type()
compile()	hex()		
complex()		**P**	**V**
	I	pow()	vars()
D	id()	print()	
delattr()	input()	property()	**Z**
dict()	int()		zip()
dir()	isinstance()		
divmod()	issubclass()		**_**
	iter()		__import__()

图 4-25　内置函数界面

常用内置函数

最大值函数、最小值函数、求和函数（max()、min()、sum()）如图 4-26 所示（注意求和函数 sum() 的括号里面当数据多于两个时需要给数据加上中括号 [ ]）。

```
[37]: print(max(5,2,3))
      print(min(5,2,3))
      print(sum([5,2,3]))

      5
      2
      10
```

图 4-26　最大值函数、最小值函数、求和函数

绝对值函数（abs()）如图 4-27 所示 。

```
[39]: abs(-3)
```

```
[39]: 3
```

图 4-27　绝对值函数

长度函数（len()）如图 4-28 所示。

```
[43]: print(len('你好我好大家好'))
      print(len(['你好','我好','大家好']))

      7
      3
```

图 4-28　长度函数

整型函数、浮点数函数（int()、float()）如图 4-29 所示。

```
[45]:  print(int(2.333))
       print(float(2))

       2
       2.0
```

图 4-29　数字类型函数

转换字符串函数、布尔函数（str()、bool()）如图 4-30 所示。

```
[48]:  a = 3
       b = '公斤'
       print(str(a)+b)

       3公斤
```

```
[49]:  print(bool(0))
       print(bool(1))

       False
       True
```

图 4-30　转换字符串函数、布尔函数

生成有序整数数列函数（range()）如图 4-31、图 4-32 所示。

```
[8]:   for i in range(0,6):
           print(f'{i}')

       0
       1
       2
       3
       4
       5
```

图 4-31　不带步数的函数 range()

```
[9]: for i in range(0,10,2):
         print(f'{i}')

     0
     2
     4
     6
     8
```

图 4-32　带步数的函数 range()

迭代一个可迭代对象（例如列表、元组或字符串）并返回每个元素的索引和对应的值的函数（enumerate()）如图 4-33 所示。

```
[12]: y = input('请输入你想找到的颜色：')
      M = ['黑色','橙色','黄色','红色','绿色','蓝色']
      for i,a in enumerate(M):
          if a == y:
              print(f'{i}已找到{y}!!!')
          else:
              print(f'{i}未找到{y}...')
      print('查找完成')

      请输入你想找到的颜色：　红色
      0未找到红色...
      1未找到红色...
      2未找到红色...
      3已找到红色!!!
      4未找到红色...
      5未找到红色...
      查找完成
```

图 4-33　函数 enumerate()

地址函数（id()）如图 4-34 所示。

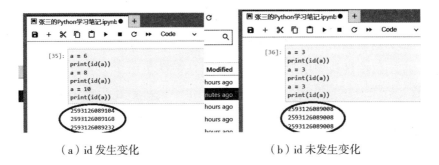

（a）id 发生变化　　　　　　　（b）id 未发生变化

图 4-34　地址函数

输入函数（input()）如图 4-35 所示。

```
[*]: input('输入年龄')
输入年龄
```

图 4-35　输入函数

4.3　序列与列表

序列的概念

在前面我们学习了一些简单的数据类型，比如数字、字符串、变量。这些简单的数据类型只能存储比较简单的数据，当我们有复杂的成千上万的数据需要存储时就需要使用复合数据类型，Python 的复合数据类型包括列表 (list)、元组 (tuple)、字典 (dict)、集合 (set)，这些复合数据类型就像盒子一样，我们可以往其中放任何类型的数据，而且复合数据类型之间也可以嵌套使用。

序列就像是我们生活中的排队，排队的队伍由多个人组成，组成队列的人称为元素，人数称为序列长度，每个人排第几位称为索引，需要特别注意的是索引是从数字 0 开始的。

序列的三个属性

序列的三个属性是索引、长度和元素，对应的单词为 index、len 和item。

序列的存储结构

序列底层的存储方式是连续的顺序存储结构，是连续的内存空间，元素之间相邻，数据的位置有顺序，这样我们可以方便地进行索引读取，但是因为结构是连续的，所以我们在进行元素插入或删除时需要移动数据以保持有序结构。

列表的概念

列表是一种序列，可以存储任意类型的数据，而且存储的位置是有序的。

列表的创建方式有下面几种：

```
stu0 = []
stu1 = [' 张三 ',' 李四 ',' 王五 ',' 赵六 ']
stu2 = list([' 张三 ',' 李四 ',' 王五 ',' 赵六 '])
```

列表的特征

（1）列表的容量大小是可变的，列表内存会自动扩展或收缩。

（2）列表作为复合数据类型，是一种序列，可以存储任意类型的数据，还可以存储变量。

（3）列表可以进行动态的删除、插入元素等操作。

列表的简单操作

列表的一些基本的操作包括创建列表、添加和删除元素、查找元素、翻转元素、遍历、检测等，这些都是列表的常见操作，这些操作称为方法，其本质是函数，我们可以使用运算符来对它们进行调用，我们必须要熟练掌握这些。

（1）创建列表，如图 4-36 所示。

```
[ ]: stu0 = []
     stu1 = ['张三','李四','王五','赵六']
     stu2 = list(['张三','李四','王五','赵六'])
```

图 4-36　创建列表

（2）列表元素的添加有两种方法，一种是用列表 .append(元素)，这种方法是把元素添加到列表的末尾，如图 4-37 所示。

```
[61]: stu0 = []
      stu0.append('张三')
      print(stu0)

      ['张三']
```

```
[62]: stu0 = ['张三','李四','王五']
      stu0.append('张三')
      print(stu0)

      ['张三', '李四', '王五', '张三']
```

图 4-37　列表 .append(元素)

　　另外一种是用列表 .insert(索引 , 元素)，这种方法在把元素添加到列表时需要写上插入到几号索引，如图 4-38 所示。

```
[63]: stu0 = ['张三','李四','王五']
      stu0.insert(0,'赵六')
      print(stu0)

      ['赵六', '张三', '李四', '王五']
```

```
[64]: stu0 = ['张三','李四','王五']
      stu0.insert(2,'赵六')
      print(stu0)

      ['张三', '李四', '赵六', '王五']
```

图 4-38　列表 .insert(索引 , 元素)

　　注意：这两种方法都要注意用英文的标点。

　　（3）访问和修改元素。列表是具有索引的，我们可以使用索引来访问和修改元素，我们可以使用访问索引（index）的方法来打印想要的索引对应的元素，如图 4-39 所示，注意括号类型。

```
[65]: stu0 = ['张三','李四','王五','赵六']
      print(stu0[2])
      王五
```

图 4-39　使用访问索引（index）

　　我们可以通过指定元素对应的索引 (index) 使用等号来修改元素，如图 4-40 所示。

```
[66]: stu0 = ['张三','李四','王五','赵六']
      stu0[2] = '小明'
      stu0

[66]: ['张三', '李四', '小明', '赵六']
```

图 4-40　修改元素

　　（4）元素删除有两种方法，一种是用列表 .pop()，列表 .pop() 默认从列表右侧尾部删除一个元素，删除后还会返回该元素；我们也可以指定列表索引，即用列表 .pop(索引) 进行元素删除，如图 4-41 所示。

```
[67]:   stu0 = ['张三','李四','王五','赵六']
        stu0.pop()
        stu0

[67]:   ['张三', '李四', '王五']

[68]:   stu0 = ['张三','李四','王五','赵六']
        stu0.pop(0)
        stu0

[68]:   ['李四', '王五', '赵六']
```

图 4-41　列表 .pop() 删除元素

另一种方式是用列表 .remove(元素)，若是找不到要删除的元素会
报错 ValueError，如图 4-42 所示。

```
[69]:   stu0 = ['张三','李四','王五','赵六']
        stu0.remove('王五')
        stu0

[69]:   ['张三', '李四', '赵六']

[70]:   stu0 = ['张三','李四','王五','赵六']
        stu0.remove('小明')
        stu0

---------------------------------------------------------------
ValueError                         Traceback (most recent call last)
Cell In[70], line 2
      1 stu0 = ['张三','李四','王五','赵六']
----> 2 stu0.remove('小明')
      3 stu0

ValueError: list.remove(x): x not in list
```

图 4-42　列表 .remove(元素) 删除元素

（5）列表的排序、清除和翻转。使用函数 sort() 可以对列表进行排
序，默认升序排列，我们可以使用 reverse 翻转排序结果，使用 clear()
清除列表中的元素，如图 4-43 所示。

```
[71]:  stu0 = [9,8,5,1,14]
       stu0.sort()
       stu0
```

```
[71]:  [1, 5, 8, 9, 14]
```

```
[7]:   stu0 = [9,8,5,1,14]
       stu0.sort(reverse = True)
       stu0
```

```
[7]:   [14, 9, 8, 5, 1]
```

```
[8]:   stu0 = [9,8,5,1,14]
       stu0.clear()
       stu0
```

```
[8]:   []
```

图 4-43 对列表进行排序、翻转、清除

（6）列表元素的检测。我们可以使用 in、not in 来检测某个元素是否存在列表中，返回的是布尔值，使用 in 时返回真值代表存在，返回假值代表不存在，使用 not in 时相反，如图 4-44 所示。

```
[9]:   stu0 = ['张三','李四','王五','赵六']
       print('张三' in stu0)
```

```
       True
```

```
[10]:  stu0 = ['张三','李四','王五','赵六']
       print('小明' in stu0)
```

```
       False
```

```
[11]:  stu0 = ['张三','李四','王五','赵六']
       print('小明' not in stu0)
```

```
       True
```

```
[13]:  stu0 = ['张三','李四','王五','赵六']
       print('李四' not in stu0)
```

```
       False
```

图 4-44 列表元素的检测

　　我们也可以使用 while 循环和 if 语句来编写一个检测某个元素是否在列表中的程序，如图 4-45 所示。

```
[3]: stu0 = ['张三','李四','王五','赵六']
while 1:
    a = input('请输入想要查找的名字：')
    if a in stu0:
        print(f'{a}在列表中')
    elif a == '结束':
        print('已终止程序')
        break
    else:
        print(f'{a}不在列表中')

print('结束')
```

```
请输入想要查找的名字： 小明
小明不在列表中
请输入想要查找的名字： 小虎
小虎不在列表中
请输入想要查找的名字： 王五
王五在列表中
请输入想要查找的名字： 结束
已终止程序
结束
```

图 4-45　使用 while 循环和 if 语句编写检测程序

　　（7）列表的遍历有两种方法，一种是使用 for in 的常见遍历方式，如图 4-46 所示。

```
[4]: stu0 = ['张三','李四','王五','赵六']
for a in stu0:
    print(a)
```

```
张三
李四
王五
赵六
```

```
[5]: stu0 = ['张三','李四','王五','赵六']
for i,a in enumerate(stu0):
    print(i,a)
```

```
0 张三
1 李四
2 王五
3 赵六
```

图 4-46　使用 for in 的遍历

```
[12]: stu0 = [9,8,5]
      stu1 = ['张三','李四']
      stu2 = stu0 + stu1
      print(stu2)

      [9, 8, 5, '张三', '李四']

[13]: stu0 = ['张三','李四']
      stu1 = stu0 * 3
      print(stu1)

      ['张三', '李四', '张三', '李四', '张三', '李四']

[14]: stu0 = ['张三','李四']
      stu0 *= 3
      print(stu0)

      ['张三', '李四', '张三', '李四', '张三', '李四']
```

图 4-49　列表之间的拼接

4.4　元组、字典和集合的概念与简单操作

元组

1. 元组的概念

元组也是序列的一种，和列表一样是内置的序列，但是与列表不同的是元组在完成赋值之后是无法修改的，所以在数据处理中列表比元组常用，元组适合用来存储不会发生变化的数据。

2. 元组的创建方式

tp1 = (' 张三 ',' 李四 ')

tp2 = (10,20,30)

tp3 = (10,)

注意：创建元组使用的是小括号 ()，而且当元组内只有一个元素时，在这个元素的后边我们也要加上英文逗号，如果没有英文逗号我们创建的就是一个变量；元组和列表之间是可以直接相互转换的，tuple() 是转换成元组，list() 是转换成列表，如图 4-50 所示。

```
[26]: stu0 = ['张三']
      tp1 = tuple(stu0)
      print(tp1)

      ('张三',)

[25]: tp1 = (2,)
      stu1 = list(tp1)
      print(stu1)

      [2]
```

图 4-50　元组和列表的相互转换

3. 元组的简单操作

元组内的元素不能修改，但是元组可以进行拼接以及元素检测，这些操作的方法和列表的相同，元组的函数与列表的函数也相同，如图 4-51、图 4-52 所示。

```
[17]: tp0 = ('张三','李四')
      tp1 = (2,3,5)
      tp2 = tp0 + tp1
      print(tp2)

      ('张三', '李四', 2, 3, 5)

[18]: tp0 = ('张三','李四')
      tp1 = tp0 * 3
      print(tp1)

      ('张三', '李四', '张三', '李四', '张三', '李四')

[19]: tp0 = ('张三','李四')
      tp0 *= 3
      print(tp0)

      ('张三', '李四', '张三', '李四', '张三', '李四')
```

图 4-51　元组的拼接

```
[20]: tp1 = ('张三','李四','王五','赵六')
      for i,a in enumerate(tp1):
          print(i,a)

      0 张三
      1 李四
      2 王五
      3 赵六
```

```
[22]: a = input('请输入想要查找的名字：')
      tp1 = ('张三','李四','王五','赵六')
      if a in tp1:
          print(f'{a}在元组中')
      else:
          print(f'{a}不在元组中')
      print('结束')

      请输入想要查找的名字： 李四
      李四在元组中
      结束
```

图 4-52　元组的元素检测和元组的函数

```
[23]: tp1 = ('张三','李四','王五','张三','赵六')
      print(tp1.count('张三'))

      2
```

```
[24]: tp1 = (9,8,5,1,14)
      print(max(tp1))
      print(min(tp1))

      14
      1
```

图 4-52　（续）

字典

1. 字典的概念

字典是一种键值对的结构，类似一个两列多行的表格，比如一个班级学生的身高表格，如表 4-1 所示。

表 4-1　键值对表格

key	value
小明	178
小红	166
张三	181
李四	167

注意：key 的意思是主键，这里面的元素不能重复，value 就是 key 所对应的值，键值对的结构便于我们根据 key 来进行查询。

2. 字典的创建方式

字典的常见创建方式有两种，第一种是直接使用大括号，如下：

d1 = {' 小明 ':178,' 小红 ':166,' 张三 ':181,' 李四 ':167}

第二种是使用 dict() 的方式，如下：

d2 = dict({' 小明 ':178,' 小红 ':166,' 张三 ':181,' 李四 ':167})

注意：在大括号 {} 里面的每一项有两部分，即 key:value，主键对值的结构。

3. 字典的特征

（1）字典中的元素是无序的，因为我们是靠 key 来查找元素的而不是靠顺序，所以顺序对字典来说并不重要。

（2）字典里面的元素是不能重复的。

（3）字典里的主键 key 是不能修改的，只要我们添加了一个新的键值对就不能再进行修改了。

（4）字典的大小是可以改变的，因为字典可以添加新的键值对。

4. 字典的简单操作

字典的操作方法和列表类似，包括创建、修改、访问、遍历、添加、检测等。

字典的创建有多种方法，使用 {} 或者使用构造方法 dict()、dict({})、

fromkeys()，这几种方法中 fromkeys() 可以将序列转换为字典，如图 4–53、图 4–54 所示。

```
[27]: a = {}
      print(type(a))

      <class 'dict'>
```

```
[28]: d1 = dict()
      print(type(d1))

      <class 'dict'>
```

图 4–53　使用 {} 和 dict() 创建字典

```
[7]: a = ['你好','我好']
     b = dict.fromkeys(a)
     print(type(b))
     print(b)

     <class 'dict'>
     {'你好': None, '我好': None}
```

图 4–54　fromkeys() 将序列转换为字典

其中，type() 可以检测括号内的数据类型，图 4–53 中显示我们创建的 "a" 是 "dict"，这说明它是字典，我们还可以使用这种方法来检测其他创建方法，如图 4–55 所示。

```
[8]: a = []
     print(type(a))

     <class 'list'>
```

```
[9]: a = ()
     print(type(a))

     <class 'tuple'>
```

图 4–55　type() 检测数据类型

我们可以使用 字典名['key'] = 'value' 的形式来进行字典元素的添加，如图 4-56 所示。

```
[10]:  a = {}
       a['中国'] = '你好'
       a['世界'] = '你也好'
       print(a)
```
{'中国': '你好', '世界': '你也好'}

图 4-56　字典元素添加

字典的元素修改方法与添加方法类似，如图 4-57 所示。

```
[11]:  a = {'中国': '你好', '世界': '你也好'}
       a['世界'] = '你们好啊'
       print(a)
```
{'中国': '你好', '世界': '你们好啊'}

图 4-57　字典元素修改

字典元素的删除方法有三种，具体如下：

（1）用字典名.pop('key')，若要删除的 key 存在则这种方法会直接删除，并返回 key 对应的 value，若 key 不存在则报错，如图 4-58 所示。

```
[15]: a = {'中国': '你好', '世界': '你也好'}
      a.pop('世界')
```

```
[15]: '你也好'
```

```
[16]: a = {'中国': '你好', '世界': '你也好'}
      a.pop('世界')
      print(a)
```

```
{'中国': '你好'}
```

```
[17]: a = {'中国': '你好', '世界': '你也好'}
      a.pop('火星')
      print(a)
```

```
KeyError                                  Traceback (most recent call last)
Cell In[17], line 2
      1 a = {'中国': '你好', '世界': '你也好'}
----> 2 a.pop('火星')
      3 print(a)

KeyError: '火星'
```

图 4-58　用字典名 .pop('key') 删除元素

（2）用字典名 .pop('key',None)，若 key 不存在这种方法则返回 None，如图 4-59 所示。

```
[21]: a = {'中国': '你好', '世界': '你也好'}
      a.pop('火星',None)
      print(a.pop('火星',None))
```

```
None
```

图 4-59　用字典名 .pop('key',None) 删除元素

（3）用字典名 .popitem()，这种方法可以删除最后添加的元素，并返回删除的元素，如图 4-60 所示。

```
[27]:  a = {}
       a['中国'] = '你好'
       a['世界'] = '你也好'
       a.popitem()

[27]:  ('世界', '你也好')

[29]:  a = {}
       a['中国'] = '你好'
       a['世界'] = '你也好'
       a.popitem()
       print(a)

       {'中国': '你好'}
```

图 4-60　字典名 .popitem() 删除元素

字典元素访问使用字典名 .get('key') 的形式，程序执行后会返回value，如图 4-61 所示。

```
[1]:  a = {'中国': '你好', '世界': '你也好'}
      a.get('中国')
      print(a.get('中国'))

      你好

[3]:  a = {'中国': '你好', '世界': '你也好'}
      a.get('中国')

[3]:  '你好'

[4]:  a = {'中国': '你好', '世界': '你也好'}
      print(a.get('中国'))

      你好
```

图 4-61　字典元素访问

函数 keys()、values() 分别可以把字典中的 key 和 value 以列表的形式返回，这样我们就可以对返回的列表进行遍历等操作，如图 4-62 所示。

```
[7]: a = {'中国': '你好', '世界': '你也好'}
     a.keys()
```

```
[7]: dict_keys(['中国', '世界'])
```

```
[8]: a = {'中国': '你好', '世界': '你也好'}
     a.values()
```

```
[8]: dict_values(['你好', '你也好'])
```

```
[9]: a = {'中国': '你好', '世界': '你也好'}
     for m in a.keys():
         print(m)
```
```
中国
世界
```

```
[10]: a = {'中国': '你好', '世界': '你也好'}
      for n in a.values():
          print(n)
```
```
你好
你也好
```

图 4-62　函数 keys()、Values() 使用示例

函数 items() 可以把字典中的键值对在列表中以元组的形式返回，这样我们就可以对其进行遍历，如图 4-63 所示。

```
[11]: a = {'中国': '你好', '世界': '你也好'}
      a.items()
```

```
[11]: dict_items([('中国', '你好'), ('世界', '你也好')])
```

```
[12]: a = {'中国': '你好', '世界': '你也好'}
      for m,n in a.items():
          print(m,n)
```
```
中国 你好
世界 你也好
```

图 4-63　函数 items() 使用示例

我们可以使用函数 items() 来对字典元素进行遍历，也可以直接使用 for in 的形式进行遍历，如图 4-64 所示。

```
[14]: a = {'中国': '你好', '世界': '你也好'}
      for m in a:
          print(m)
```

中国
世界

```
[17]: a = {'中国': '你好', '世界': '你也好'}
      for m in a:
          print(a.get(m))
```

你好
你也好

```
[18]: a = {'中国': '你好', '世界': '你也好'}
      for m in a:
          print(m,a.get(m))
```

中国 你好
世界 你也好

图 4-64　使用 for in 的形式进行遍历

我们可以通过 in、not in 的方法来检测 key 是否在字典内，如图 4-65
所示。

```
[19]: a = {'中国': '你好', '世界': '你也好'}
      '世界' in a
```

[19]: True

```
[20]: a = {'中国': '你好', '世界': '你也好'}
      '火星' in a
```

[20]: False

```
[24]: a = {'中国': '你好', '世界': '你也好'}
      if '火星' in a:
          print('在')
      else:
          print('不在')
```

不在

```
[25]: a = {'中国': '你好', '世界': '你也好'}
      if '世界' in a:
          print('在')
      else:
          print('不在')
```

在

图 4-65　使用 in、not in 的方法检测

函数 len()、clear()、sorted() 分别可以对字典返回长度、被清除元素的空字典、对元素排完序后的包含 key 的列表，如图 4-66 所示。

```
[28]:  a = {'小明': '优秀', '小红': '良好','小张':'及格','小王':'不及格'}
       print(len(a))

       4

[29]:  a = {'小明': '优秀', '小红': '良好','小张':'及格','小王':'不及格'}
       a.clear()
       print(a)

       {}

[30]:  a = {'小明': '优秀', '小红': '良好','小张':'及格','小王':'不及格'}
       print(sorted(a))

       ['小张', '小明', '小王', '小红']

[38]:  a = {'c': '5', 'b': '7','d':'6','e':'4'}
       print(sorted(a))
       print(a)

       ['b', 'c', 'd', 'e']
       {'c': '5', 'b': '7', 'd': '6', 'e': '4'}
```

图 4-66　函数 len()、clear()、sorted() 使用示例

集合

1. 集合的概念

集合是元素的一种容器，并且集合中的元素是不可重复且无序的。它的简单操作包括元素的检测、添加以及重复元素的消除等，集合对象支持合集、交集、差集、对称差分等各种数学运算。

2. 集合的创建方式

集合可使用 set() 或者直接使用大括号 {} 的形式进行创建，但是当我们想创建一个空的集合时不能使用空的大括号，因为空的大括号默认为字典，所以我们需要使用 set() 来创建空的集合，格式如下：

c = {' 小明 ',' 小红 ',' 小兰 '}

c = set()

c = set([' 小明 ',' 小红 ',' 小兰 '])

c = set({})

3. 集合的特征

（1）集合中的元素是无序的。

（2）集合中的元素是不能够重复的。

（3）集合的大小是可以变化的。

（4）集合对象是支持合集、交集等运算的。

4. 集合的存储原理

如果把 1 000 万个元素放到列表中，我们想要查询某个元素在不在这个列表中，那么程序在运行时，需要挨个对列表中的元素进行查询对比。如果这个元素正好在最后一位，或者不在列表中，那么需要查询 1 000 万次才可以得出结论。

这样的查询方式会消耗大量的算力，而且速度会比较慢，但是若是把这 1 000 万个元素放到集合中再进行查询就可以变得非常迅速。

比如，当我们去图书馆找一本书时，我们会先判断要找寻的书属于哪种类型，再去对应书架进行查找，而不是从门口的第一本书开始挨个查询，其实集合的存储原理，就像是图书馆用不同书架放置不同类型书籍一样，只是集合的分类不叫书架，而是叫作桶（bucket）。

比如，当我们把 1 000 万个元素放到集合中时，我们可以通过 hash 算法来对这些元素进行分类，若我们把这些元素分成 1 万份，就会有 1 万个桶，每一个桶中会有 1 000 个元素，这 1 000 个元素会共用一个 hash 值，当我们想查询某个元素时，只需要判断这个元素的 hash 值然后去对应的桶中寻找即可，这样程序最多遍历 1 000 个元素，速度会大大提高。

其实字典中的每一个 key 就相当于一个桶，所以字典的查询效率要远高于列表。

5. 集合的简单操作

我们可以使用集合名 .add(' 元素 ') 进行元素的添加，使用集合名 .update([' 元素 ']) 把列表添加到集合里面，使用集合名 .remove(' 元

素 ') 或者集合名 .discard(' 元素 ') 删除元素，如图 4-67、图 4-68 所示。

```
[42]: c = set()
      c.add('小明')
      c

[42]: {'小明'}

[45]: c = {'小红'}
      c.add('小明')
      c

[45]: {'小明', '小红'}

[46]: c = {'小明', '小红'}
      c.remove('小红')
      c
```

图 4-67　集合元素的添加与删除

```
[49]: c = {'小明', '小红'}
      c.discard('小红')
      c

[49]: {'小明'}

[48]: c = set()
      c.update([1,2,3,3,3,4,5])
      c

[48]: {1, 2, 3, 4, 5}
```

图 4-68　集合元素的添加与删除

　　从图 4-68 中我们可以发现，当使用 update 将列表添加到集合中后，重复的元素 3 只剩下了一个，这说明集合中的元素不可重复。

　　Python 中的集合就像数学上的集合一样可以进行运算，我们可以使用如下方式来对集合进行运算。

　　（1）用集合名 .difference(其他集合名字) 可以找出集合之间不同的元素，如图 4-69 所示。

```
[50]:   a = {1,2,3}
        b = {2,3,4}
        a.difference(b)
```

```
[50]:   {1}
```

图 4-69   集合名 .difference() 示例

（2）用集合名 .intersection(其他集合名字) 可以返回交集，如图 4-70 所示。

```
[54]:   a = {1,2,3}
        b = {2,3,4}
        a.intersection(b)
```

```
[54]:   {2, 3}
```

图 4-70   集合名 .intersection() 示例

（3）用集合名 .union(其他集合名字) 可以返回并集，如图 4-71 所示。

```
[55]:   a = {1,2,3}
        b = {2,3,4}
        a.union(b)
```

```
[55]:   {1, 2, 3, 4}
```

图 4-71   集合名 .union() 示例

（4）用集合名 .difference_update(其他集合名字) 可以删除前面集合中在后面集合出现过的元素，如图 4-72 所示。

```
[59]:   a = {1,2,3,9,7}
        b = {2,3,4}
        a.difference_update(b)
        a
```

```
[59]:   {1, 7, 9}
```

图 4-72   集合名 .difference_update() 示例

（5）用集合名 .intersection_update(其他集合名字) 可以删除前面集合中在后面集合没有出现过的元素，如图 4-73 所示。

```
[60]:  a = {1,2,3,9,7}
       b = {2,3,4}
       a.intersection_update(b)
       a
```

```
[60]:  {2, 3}
```

图 4-73　集合名 .intersection_update() 示例

4.5　推导式、函数注解与冒泡排序

推导式

列表、元组、字典和集合都是支持推导式的，推导式可以快速地生成一个新的数据结构。

推导式的结构如下：

输出 for 变量 in 可迭代结构

推导式里面还可以嵌套推导式，但是平常比较少用，另外推导式里面还可以嵌套 if 语句：

输出 for 变量 in 可迭代结构 if

推导式示例

（1）列表推导式示例如图 4-74 所示。

```
[63]: a = [n for n in range(7)]
      a
```

```
[63]: [0, 1, 2, 3, 4, 5, 6]
```

```
[65]: a = [n for n in range(7) if n % 2 == 1]
      a
```

```
[65]: [1, 3, 5]
```

图 4-74　列表推导式示例

（2）元组推导式示例如图 4-75 所示。

```
[66]: a = (n for n in range(7))
      a
```

```
[66]: <generator object <genexpr> at 0x000001B024811AF0>
```

```
[67]: a = (n for n in range(7))
      type(a)
```

```
[67]: generator
```

图 4-75　元组推导式示例

由图 4-75 可知，对元组进行推导后输出的并不是元素而是生成器（在 Python 中，一边循环一边计算的机制，称为生成器：generator）。

（3）字典推导式示例如图 4-76 所示。

```
[69]: a = {'m'+str(n):n for n in range(7)}
      a
```

```
[69]: {'m0': 0, 'm1': 1, 'm2': 2, 'm3': 3, 'm4': 4, 'm5': 5, 'm6': 6}
```

图 4-76　字典推导式示例

（4）集合推导式示例如图 4-77 所示。

```
[70]:  a = {n for n in range(7)}
       a

[70]:  {0, 1, 2, 3, 4, 5, 6}
```

图 4-77　集合推导式示例

函数注解

在大型编程中，我们编写的程序可能包含成千上万个自制函数，不同的函数在运行时，需要的数据类型可能是不一样的，但是我们输入的参数在传递时，因为 Python 对参数的类型无所不包，所以在运行时很可能会出现 bug。函数注解可以把传递的参数限定成特殊类型，这样在传递参数时，可以判断我们输入的参数和函数所需的参数是否匹配，若不匹配则会提醒我们更改，在编译阶段也会抛出异常，所以这样可以提高程序的健壮性。

函数注解的格式如图 4-78 所示。

```
[72]:  def 求和(a:int,b:int) -> int:
           return a + b
```

图 4-78　函数注解的格式示例

在图 4-78 中的程序中我们定义了一个名为"求和"的函数，它对输入的两个参数和输出参数类型进行了限定：只要整型（int）。

冒泡排序

冒泡排序是非常经典的一种排序算法，它的原理是每一次找出最大值将其放到最右侧，然后从剩下的元素中找到最大值将其放在右侧第二位，再从剩下的元素中找到最大值将其放在右侧第三位，以此类推直到最后一个数字排完。

比如，我们要对列表 [3,2,5] 中的数字进行排序。

（1）比较前两个数字 3 和 2，发现 3 大于 2，所以将 3 放到右侧，此时列表中数字的顺序变为 [2,3,5]；接着比较第二个和第三个数字 3 和 5，发现 5 大于 3，所以将 5 放在右侧，到这里我们已经把列表中最大的数字找出并放在了最右侧。

（2）对剩下的数字按照（1）的方法进行排序，直到排完所有数字为止。

纯数字列表的冒泡排序程序示例如图 4-79 所示。

```
[73]: a = [3,2,5,4]
      a_len = len(a)
      for n in range(len(a)):
          for m in range(a_len - n - 1):
              if a[m] > a[m + 1]:
                  a[m],a[m + 1] = a[m + 1],a[m]
      print(a)

[2, 3, 4, 5]
```

```
[74]: def 排序(a):
          a_len = len(a)
          for n in range(len(a)):
              for m in range(a_len - n - 1):
                  if a[m] > a[m + 1]:
                      a[m],a[m + 1] = a[m + 1],a[m]
          return a
      print(排序([59,45,23,78,56,1,8,9,2]))

[1, 2, 8, 9, 23, 45, 56, 59, 78]
```

图 4-79　纯数字列表的冒泡排序程序示例

Tutor 工具

Tutor 工具是可以对程序每一步进行分析的一种工具，可以简化我们对程序的理解，我们可以直接在网页中输入 Python Tutor 从而进入官方网站，如图 4-80 所示。

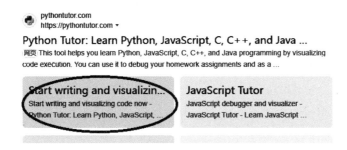

图 4-80　Python Tutor 官方网站

进入官方网站后我们可以把要分析的程序复制到方框中，然后点击运行，如图 4-81 所示。

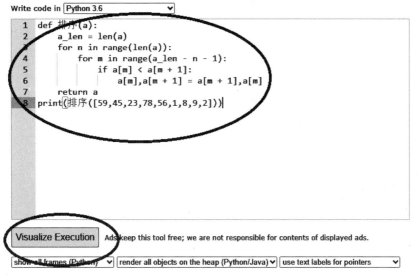

图 4-81　Tutor 工具的使用

点击运行后网页界面会发生变化，我们点击哪一行代码，就相当于将这一行代码设置成断点。点击 Next 来运行程序，这时我们会发现程序左侧会有一绿色和一红色的箭头，绿色箭头表示刚刚执行完的一行代码，红色箭头表示即将执行的一行代码；同时在程序的右侧会以"文字 + 图表"的形式对代码进行解释，如图 4-82 所示。

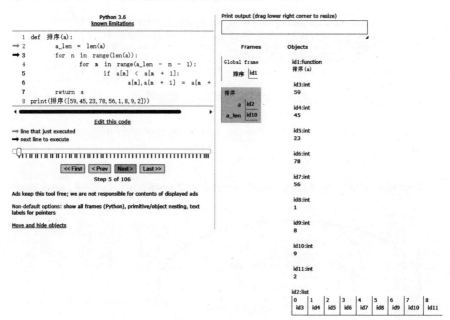

图 4-82　Tutor 工具运行示例

第 5 章
Python 的数据运用和类

5.1　序列的特殊操作与可变和不可变数据类型

序列的正负操作

我们之前学过元素的索引从 0 开始一直到最后一个元素对应的索引，这是从左侧开始进行索引的排序，称为正索引；我们还可以从右侧开始进行索引的排序，从右到左的索引对应的数字是 –1，–2，–3，…，从右到左的索引称为负索引，如图 5–1 所示。

```
[15]:  a = ['小明','小刚','小红','小兰','小新','小黑']
       print(a[5])
       print(a[-1])

小黑
小黑
```

图 5–1　序列的正负操作

从图 5–1 中我们可以发现当想要从列表中提取元素"小黑"时，元素"小黑"在最右侧，对应的正索引为 5，对应的负索引为 –1，通过正负索引我们可以更方便地提取靠近左侧或者靠近右侧的元素。

序列的切片操作

我们可以把切片理解为从一容器中把某一段元素提取出来的过程。

开始、终止索引和步长：开始索引取数据的起始点，若是空着则默认是 0；终止索引取数据的终止位置，但是终止索引对应的元素不在切片中，当空着时默认为最后一位；步长分为正负两种，取决于我们采用的读取方向，若是从左到右则为正，若是从右到左则为负，空着默认为 1。切片使用的是浅拷贝，切片的格式如下：

序列 [开始索引 : 终止索引 : 步长]

示例如图 5-2 所示。

```
[31]: a = ['小明','小刚','小红','小兰','小新','小黑']
print(a[:])
print(a[1:5])
print(a[1:5:2])
print(a[-1:-5:-1])
print(a[-1:-5:-2])
print(a[0:-1])
print(a[0:-1:2])
print(a[-1:0:-2])

['小明', '小刚', '小红', '小兰', '小新', '小黑']
['小刚', '小红', '小兰', '小新']
['小刚', '小兰']
['小黑', '小新', '小兰', '小红']
['小黑', '小兰']
['小明', '小刚', '小红', '小兰', '小新']
['小明', '小红', '小新']
['小黑', '小兰', '小刚']
```

图 5-2　序列的切片

不可变数据类型

当我们给变量 "a" 赋值为 "a = 1" 时，Python 会把数字 1 放到某个内存中，而此时变量"a"指向这个内存地址。

当我们再一次给变量"a"赋值变成"a = 2"时，新的数字 2 并不会占用原先数字 1 所在的内存，而是会被放到另一个内存中，而此时变量"a"就变为指向数字 2 所在内存地址。

像数字和字符串都属于不可变数据类型，我们可以用函数 id() 直观地看到这种地址区别，如图 5-3 所示。

```
[32]: a = 1
      print(id(a))
      a = 2
      print(id(a))

2143554306288
2143554306320
```

图 5-3　不可变数据类型地址示例

可变数据类型

可变数据类型是指可以在原内存位置处更改而不使用新的内存位置的数据类型，像我们之前学过的列表、元组、字典和集合都属于可变数据类型，我们可以使用函数 id() 来查看地址，如图 5-4 所示。

```
[35]: a = ['小明','小黑']
      print(id(a))
      a[0] = '小红'
      print(id(a))

2143665860672
2143665860672
```

图 5-4　可变数据类型地址示例

不可变数据类型和可变数据类型的区别

　　不可变数据类型和可变数据类型在被写入函数时传递的方式不同，不可变数据类型在传递时属于直传递，意思是对该数据先复制出一个副本然后把这个副本传递给函数，则函数在进行修改时只会修改这个副本而原数据不会有所改变。

　　可变数据类型在传递时属于引用传递，意思是直接引用该数据，将该数据传递到函数中，则函数在修改时相当于直接在原数据上进行修改，所以会改变原数据，如图 5-5 所示。

```
[39]: 名字 = '小明'
      技能 = ['篮球','跳舞','rap']
      def 函数(名字,技能):
          名字 = '小黑'
          技能[0] = '足球'
          print('内部:',名字,技能)
      函数(名字,技能)
      print('外部:',名字,技能)

内部: 小黑 ['足球', '跳舞', 'rap']
外部: 小明 ['足球', '跳舞', 'rap']
```

图 5-5　引用传递

　　从图 5-5 中的程序中我们可以发现，当调用"函数（名字，技能）"后变量"名字"没有改变，但是变量"技能"发生了变化，这说明了不可变数据类型和可变数据类型在传递方式上的区别。

5.2　数据的浅、深拷贝与栈结构和队列

浅拷贝

只有可变数据类型才支持深浅拷贝，不可变数据类型是不支持的。

浅拷贝是指通过容器提供的 copy 模块的函数 copy() 进行元素拷贝，可以将元素由原内存地址拷贝到新的内存地址中，这种方法有时在程序中非常有用，可以解决如图 5-6 所示的问题。

```
[45]:  a = ['小明','小红','小刚']
       b = a
       print(id(a))
       print(id(b))
       b[0] = '小黑'
       print(b)
       print(a)

       2143666034496
       2143666034496
       ['小黑', '小红', '小刚']
       ['小黑', '小红', '小刚']
```

图 5-6　拷贝错误使用示例

图 5-6 中变量"a"是一个列表，我们在把变量"a"赋值给变量"b"时，相当于变量"b"和变量"a"共用一个内存地址，所以在对变量"b"中的元素进行修改后变量"a"也跟着发生了变化，为了防止这种情况出

现，我们可以用浅拷贝的方式来给变量"b"赋值，如图 5-7 所示。

```
[46]:  a = ['小明','小红','小刚']
       b = a.copy()
       print(id(a))
       print(id(b))
       b[0] = '小黑'
       print(b)
       print(a)

2143665726400
2143665902656
['小黑', '小红', '小刚']
['小明', '小红', '小刚']
```

图 5-7　浅拷贝使用示例

这种方法相当于把变量"a"的一个副本赋值给了变量"b"，这样两变量所对应的内存地址不相同。

但是需要注意的是，浅拷贝的方法只能拷贝容器中不可变数据类型的值，对于元素是可变数据类型的，其拷贝的还是内存地址，如图 5-8 所示。

```
[52]:  a = [['唱歌'],'小红','小刚','小牛','小金']
       b = a.copy()
       b[0][0] = '跳舞'
       b[4] = 0
       print(b)
       print(a)

[['跳舞'], '小红', '小刚', '小牛', 0]
[['跳舞'], '小红', '小刚', '小牛', '小金']
```

图 5-8　拷贝的是内存地址

由图 5-8 我们可以发现，变量"a"中的第一个元素是一个列表，其他的元素是字符串，列表是可变数据类型，字符串是不可变数据类型。

我们使用浅拷贝的方法把变量"a"赋值给变量"b"后，对变量"b"

索引为 0 的元素列表里面的元素进行了修改，同时对变量"b"的最后一个元素进行了修改，在最后的变量"a、b"的返回值中我们发现变量"a"中的首元素中的列表中的元素也被修改了，但是身为不可变数据类型的最后一个元素并没有被修改。

深拷贝

深拷贝完全另起一个内存地址，这样在修改时和原内存地址互不影响，而且不论是可变数据类型还是不可变数据类型都不影响，深拷贝使用 copy 模块中的函数 deepcopy() 来完成，使用方法如图 5-9 所示。

```
[53]: import copy
a = [['唱歌'],'小红','小刚','小牛','小金']
b = copy.deepcopy(a)
b[0][0] = '跳舞'
b[4] = 0
print(b)
print(a)

[['跳舞'], '小红', '小刚', '小牛', 0]
[['唱歌'], '小红', '小刚', '小牛', '小金']
```

图 5-9　深拷贝使用示例

栈结构（LIFO）

我们之前学习的列表、字典等都是某种结构，而栈结构是最常用的一种数据结构，栈结构类似于列表，但是与列表有几点不同，栈结构的元素添加叫作压栈（push），元素删除叫作出栈（pop）。

我们可以把栈结构想象成手枪的弹匣，上方叫栈顶，下方叫栈底，而栈结构的元素添加和删除只能在栈顶操作，就像我们想把某红色子弹放在弹匣最下方，只能在弹匣空的状态下把红色子弹第一个从弹匣口压进去，等到压满子弹后，若是我们想从弹匣底部去除红色子弹则只能从弹匣顶部挨个把上面子弹都取出来后才行，栈结构就是用类似的方式来进行元素的添加和删除的，我们可以使用函数 append() 和函数 pop() 来进行栈结构的压栈和出栈操作。

我们可以把列表 [] 的最右侧当作栈顶，最左侧当作栈底，则对栈结构增添和删减元素时只能从最右侧的栈顶依次进行，如图 5-10 所示。

```
[55]: m = []
      m.append('小明')
      m.append('小红')
      m.append('小黑')
      print(m)
      n = m.pop()
      print(n)
      print(m)
```

```
['小明', '小红', '小黑']
小黑
['小明', '小红']
```

图 5-10　栈结构的使用示例

从图 5-10 中可以看出，往列表里面添加元素时最后添加的是"小黑"，那么"小黑"就相当于是最靠近栈顶的元素，所以在进行删除操作时"小黑"被最先删除。

队列

队列的顺序是先进先出，我们可以将其想象成排队挂号，从队尾进去，从队伍前方出去，从前方出去称为出队，队列中最前方的人出队后，后面的每一位都需要前进一位。

我们可以使用列表来实现队列，但是使用列表有性能不佳的缺点，因为如果元素数量很多那么当第一个元素出队后，后面很多元素均需要前进一位，这样每取出一个元素后面的元素都需要前进一位，所以这样效率会很低。

当我们使用列表来实现队列时，队列的元素添加依然使用函数 append()，队列的元素删除可以使用函数 pop(0) 来实现，如图 5-11 所示。

```
[57]: m = []
m.append('张三')
m.append('李四')
m.append('王五')
m.append('赵六')
print(m)
n = m.pop(0)
print(n)
print(m)

['张三', '李四', '王五', '赵六']
张三
['李四', '王五', '赵六']
```

图 5-11　队列的使用示例

如果一个函数自己调用自己，这种函数称为递归函数。递归函数类似于 while 循环，可以重复执行自己的函数体。

我们观察图 5-12 中的递归函数，可以用 debug 功能来追踪函数的执行顺序。

```
[6]: 1  import time
     2  def hs(n):
     3      n -= 1
     4      if n >= 0:
     5          print(n)
     6          time.sleep(1)
     7          return hs(n)
     8  hs(3)

2
1
0
```

图 5-12　递归函数使用示例

```
[12]:    1  import time
         2  def hs(n):
         3      n -= 1
         4      if n >= 0:
         5          hs(n)
         6      print(n)
         7      time.sleep(1)
         8  hs(3)

-1
0
1
2
```

图 5-12　（续）

我们来思考下图 5-12 中第二个程序的入栈、出栈过程。

入栈过程如下：

（1）hs(3) 最先入栈，接着运行"n = 3"的函数后"n"变为 2，因为"n >= 0"，所以可以接着入栈。

（2）hs(2) 入栈，接着运行"n = 2"的函数后"n"变为 1，因为"n >= 0"，所以可以接着入栈。

（3）hs(1) 入栈，接着运行"n = 1"的函数后"n"变为 0，因为"n >= 0"，所以可以接着入栈。

（4）hs(0) 入栈，接着运行"n = 0"的函数后"n"变为 –1，因为"n < 0"所以不可以接着入栈，此时入栈停止。

接着会运行 print(n)，出栈时需要从栈顶依次出栈，出栈过程如下：

（1）hs(0) 第一个出栈，此时"n = –1"不满足 if 语句中的条件，所以不执行 if 里面的代码，执行 print(–1)。

（2）hs(1) 出栈，此时"n = 1 – 1 = 0"，执行 print(0)。

（3）hs(2) 出栈，此时"n = 2 – 1 = 1"，执行 print(1)。

（4）hs(3) 出栈，此时"n = 3 – 1 = 2"，执行 print(2)。

至此出栈结束。

我们可以使用 debug 功能来逐步观察分析每一步的过程。

实现一个名单管理系统

我们现在用之前学到的知识来试着写一个简单的学生名单管理程序，要求这个程序可以实现对名单的增、删、改、查，示例如图 5-13 所示。

```
[*]: lb = []
     q = '请输入姓名'
     def panduan(shuzi:str) -> int:
         if shuzi.isdigit():
             return int(shuzi)
         else:
             print('输入错误请重新输入！')
             return 8

     def tianjia(stus:list):
         name = input(q)
         stus.append(name)

     def chaxun(stus:list) -> list:
         name = input(q)
         xlb = []
         for m,n in enumerate(stus):
             if n == name:
                 xlb.append(q)
                 print(f'{n:>8}{m:>8}')
         return xlb

     def shanchu(stus:list) -> bool:
         name = input(q)
         stus.remove(name)

     def bianli(stus:list):
         for m, n in enumerate(stus):
             print(f'{n:>8}{m:>8}')

     while 1:
         print('请输入正确的数字选择功能: ')
         print('输入1可进行添加姓名')
         print('输入2可进行查询姓名')
         print('输入3可进行删除姓名')
         print('输入4可进行遍历姓名')
         print('输入0退出程序',end = '')
         shuzi = panduan(input('请输入数字: '))
         if shuzi == 0:
             print('程序已关闭')
             break
         elif shuzi == 1:
             tianjia(lb)
         elif shuzi == 2:
             chaxun(lb)
         elif shuzi == 3:
             shanchu(lb)
         elif shuzi == 4:
             bianli(lb)
```

```
请输入正确的数字选择功能:
输入1可进行添加姓名
输入2可进行查询姓名
输入3可进行删除姓名
输入4可进行遍历姓名
输入0退出程序
请输入数字:  a
输入错误请重新输入！
请输入正确的数字选择功能:
输入1可进行添加姓名
输入2可进行查询姓名
输入3可进行删除姓名
输入4可进行遍历姓名
输入0退出程序
请输入数字:   1
请输入姓名 张三
请输入正确的数字选择功能:
输入1可进行添加姓名
输入2可进行查询姓名
输入3可进行删除姓名
输入4可进行遍历姓名
输入0退出程序
请输入数字:   1
请输入姓名 李四
请输入正确的数字选择功能:
输入1可进行添加姓名
输入2可进行查询姓名
输入3可进行删除姓名
输入4可进行遍历姓名
输入0退出程序
请输入数字:   4
      张三       0
      李四       1
请输入正确的数字选择功能:
输入1可进行添加姓名
输入2可进行查询姓名
输入3可进行删除姓名
输入4可进行遍历姓名
输入0退出程序
请输入数字:   2
请输入姓名 李四
      李四       1
请输入正确的数字选择功能:
输入1可进行添加姓名
输入2可进行查询姓名
输入3可进行删除姓名
输入4可进行遍历姓名
输入0退出程序
请输入数字:   3
请输入姓名 李四
请输入正确的数字选择功能:
输入1可进行添加姓名
输入2可进行查询姓名
输入3可进行删除姓名
输入4可进行遍历姓名
输入0退出程序
请输入数字:   4
      张三       0
```

图 5-13　名单管理系统示例

5.3　编程方法的发展与面向对象编程

编程方法的发展

编程方法的发展大致分为三个阶段。

第一阶段：面向机器码编程，在程序语言的起步阶段，人们都是直接面向计算机进行编程的，也就是说使用 0 和 1 进行编程，但是这样的话工作量巨大，所以有人提出使用一些助记符来代替机器码，这就是汇编语言。但是使用汇编语言编写的程序无法直接被机器识别，机器只能识别 0 和 1，所以我们需要用 0 和 1 编写一个转换器，机器使用这个转换器就可以将使用汇编语言编写出来的程序转换成机器码，之后电脑就可以运行程序，这个转换器称为汇编器。

第二阶段：面向过程编程，在汇编语言出来后程序员的工作效率比之前使用机器码编程高了很多，但是随着科学技术的发展，汇编语言已经渐渐跟不上时代的脚步，所以 C 语言出现了，C 语言可以将机器码进一步封装成函数，这样不用直接操作内存和磁盘，只要使用封装好的函数来代替机器码即可，此时程序员才算是真正地脱离了机器码的束缚。

第三阶段：面向对象编程，面向对象是一种设计程序的方法论，随着大型软件的增多，这些软件的代码数量出现几何倍数的增长，而且这样会导致代码修改非常麻烦，这时有人就提出了面向对象编程，提出了对象、类、继承等基础概念。现在主流的 Python、C++、C#、Java 都支持面向对象。

面向对象编程概述

我们前面学习了简单的数据类型以及函数等，在编写一些简单的程序时这些都是不可或缺的，但是随着大型系统越来越多，仅仅使用这些简单的数据类型和函数已经不能满足要求了。

这时有人提出了面向对象编程，面向对象是指通过参考现实世界来构建计算机程序，这样做是为了降低大型复杂系统开发的难度，面向对象编程可以多人协作开发系统，从而可以做到简单地开发大型复杂系统。

面向对象分为三个等级：

第一等级：学习了一门面向对象语言，比如 Java、C#，了解了面向对象的使用方法，懂得使用面向对象语言进行开发，但是对面向对象的底层理论还不太了解；

第二等级：可以脱离面向对象语言，掌握了面向对象如何分析的方法；

第三等级：这是第二等级的进阶，可以做到面向对象设计框架、可复用的组件等。

本书主要介绍第 1 等级，也会涉及第二等级。

面向对象的对象是什么？

我们可以把对象想象成一个人，这个人有性别、姓名、年龄、身高等，这些称为对象的属性或者特征；这个人会打篮球、唱歌、跳舞，这些事属于对象的行为，行为就是指会做什么事情。

我们来举个例子，在 2000 年的时候，浙江有一个小朋友出生了，这个小朋友和大部分正常的婴儿一样都是两个眼睛、一个鼻子、一个嘴巴等，父母给他起了个名字张伟，张伟从出生起就开始占用地球资源，长大后，张伟成了一名牙科医生，每天会骑着一辆电动车去医院给病人看牙，后来张伟有了妻子接着有了孩子，过了几十年后，张伟寿终正寝。

现在我们来总结一下上面的例子：

（1）创建对象。整个地球就是一个内存，张伟就是一个对象（也叫实例），刚出生的张伟和其他小朋友一样都是两个眼睛、一个鼻子、一个嘴巴等，这就相当于模板，每个人的出生都是有模板的，虽然我们不知道这个模板从何而来，但是确实存在，这种模板在 Python 中称为类，关键字是 class。

（2）销毁对象。张伟从出生起就会占用地球资源，直到死亡后才会停止占用，所以对象在存活期间会占用资源，在被销毁后就不再继续占用。

（3）对象的职责。张伟是一名医生，他的职责就是给人看病，在程序中每个对象都有自己的职责，没有职责的对象在程序中是没有存在的必要的。

（4）对象之间的关系。对象和对象之间是可以建立关系的，比如，张伟和他的父母的关系就属于分层关系，我们称之为继承，张伟和电动车的关系属于横向建立的关系，这种关系一般通过行为来建立。

（5）编程中的对象。在编程中，对象的属性和行为都是数据，而且最终的结果也是数据，所以我们把对象当作一种属性和行为的数据集合体。

在编程中，面向对象就是对现实世界的一种模拟，在 Python、Java 中，对象在依据 class 建立后，会在内存中占用一部分空间，等到这个对象的任务完成后，这个对象就会被销毁，其所占用的内存就会被释放。

5.4 类的用法和实例、成员方法与成员变量

类的用法

前面我们学到 class 是一种类、一种模板，定义一个 class 的方法如下：

class 名字：

pass

因为这是个空的类所以加上了 pass，不然在运行时会报错，除了使用 pass 还可以使用三个点 ...，格式如下：

class 名字：

...

另外空函数也可以使用 pass 或 ...，示例如图 5-14、图 5-15 所示。

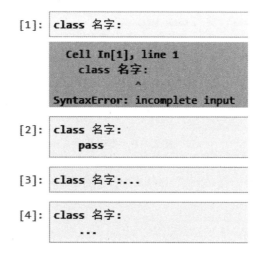

图 5-14　类的创建示例

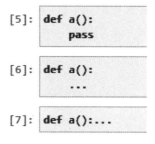

图 5-15　空函数的创建示例

class 的命名采用驼峰命名法，每个单词的首字母大写，比如 Name、CapsLock 等，一些公认的名字也可以全部使用大写字母，比如，WX 公认是微信，OS 公认是系统。

class 是由属性和行为两者的集合组成的，它的属性分为两种：一种是类的属性，另一种是实例的属性。比如，我们可以写一个关于 WX 的 class，它的属性有内存大小、版本、功能种类等，我们先来看类变量，如图 5-16 所示。

```
[12]: class WX:
          intenal = '147M'
          version = '8.0.40'
          function = 6
      print(WX.intenal,WX.version)

      147M 8.0.40
```

图 5-16　类变量

图 5-16 中第一行代码 "class WX：" 就是创建了一个名为 WX 的类，下面的都是类的变量。

实例的创建

在一个班级中，班级里面的每一个学生都是一个对象，如果具体到某一个学生，那就是实例。实例就是一个具体的对象。我们使用在类后边加上小括号的方式来创建一个实例，如图 5-17 所示。

```
[17]: class WX:
          pass
      a = WX()
```

图 5-17　实例的创建

实例的成员方法

我们把 class 里面定义的函数称为方法，方法的种类主要有两种。一种是内置方法，内置方法是在方法名字的前后加上两道下划线，比如 __init__。__init__ 就是一种内置方法，它是实例构造器，也叫构造方法，使用这个构造器时 Python 解释器会自动执行，我们可以在里面进行一些数据的初始化。

另一种普通的方法不用再加下划线，我们调用实例的格式如下：

实例变量 . 方法名称（参数）

示例如图 5-18 所示。

```
[21]: class WX:

          def __init__(self):
              print('哈喽')

          def print(self,test):
              print(test,'好久不见')


      a = WX()
      a.print('朋友')

      哈喽
      朋友 好久不见
```

图 5-18　调用实例的方式示例

在图 5-18 中，在 class 里面我们定义了两个函数，即两个方法，一个使用内置方法 __init__，它的输出结果是"哈喽"；另一个使用普通方法，普通方法中的 self 是默认参数，test 是可变参数，代码 a.print(' 朋友 ')改变了 test 变量。

class 里面的方法，即实例的成员方法中都有一个默认的参数，我们一般用 self 表示，也可以用其他字母。self 指这个实例本身，我们通过 self 就可以访问实例的属性。

实例的成员变量

在类体的变量部分中定义的变量称为成员变量。实例与实例之间的成员变量是完全隔开的，示例如图 5-19 所示。

```
[19]: class WX:

          def __init__(self,intenal,version):
              self.intenal = intenal
              self.version = version

          def print(self):
              print(self.intenal,self.version)

      WX1 = WX('147M','8.0.40')
      WX2 = WX('150M','8.0.42')
      WX1.print()
      WX2.print()

      147M 8.0.40
      150M 8.0.42
```

图 5-19　成员变量完全隔开示例

从图 5-19 中我们可以看出，实例中有两个成员变量，我们分别对其赋值了两次，在输出时并没有输出相同的结果而是输出了两个不同的结果。

实例之间可以相互调用，示例如图 5-20 所示。

```
[32]: class WX:

          def __init__(self,intenal,version):
              self.intenal = intenal
              self.version = version
              self.print()

          def print(self):
              print(self.intenal,self.version)

      WX1 = WX('147M','8.0.40')
      WX2 = WX('150M','8.0.42')

      147M 8.0.40
      150M 8.0.42
```

图 5-20　实例之间相互调用示例

我们也可以直接访问或者修改成员变量，如图 5-21 所示。

```
[44]: class WX:

          def __init__(self,intenal,version):
              self.intenal = intenal
              self.version = version

          def print(self):
              print(self.gs(),self.intenal,self.version)

          def gs(self):
              return '大小是' + self.intenal

      WX1 = WX('147M','8.0.40')
      WX2 = WX('150M','8.0.42')
      print(WX1.version)
```

8.0.40

```
[43]: class WX:

          def __init__(self,intenal,version):
              self.intenal = intenal
              self.version = version

          def print(self):
              print(self.gs(),self.intenal,self.version)

          def gs(self):
              return '大小是' + self.intenal

      WX1 = WX('147M','8.0.40')
      WX2 = WX('150M','8.0.42')
      WX1.version = 10
      WX1.print()
```

大小是147M 147M 10

图 5-21　直接访问或者修改成员变量

静态变量与静态方法

1. 静态变量

我们可以把静态变量当作类变量，类变量无须通过实例化，直接通过类名就可以调用，如图 5-22 所示。

```
[45]:   class Mn:
            a = 1

        print(Mn.a)
        Mn.a = 9
        print(Mn.a)
        1
        9
```

图 5-22　静态变量直接调用

另外，我们可以采用实例的方式进行调用，如图 5-23 所示。

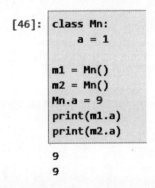

```
[46]:   class Mn:
            a = 1

        m1 = Mn()
        m2 = Mn()
        Mn.a = 9
        print(m1.a)
        print(m2.a)
        9
        9
```

图 5-23　采用实例的方式进行调用

从图 5-23 中可知，类变量对于不同的实例而言相当于一个共享变量，当其发生变化时所有的实例都会改变，所以我们在编码时一定要注意这点。

前面我们学过实例成员变量改变并不会影响其他实例，如图 5-24 所示。

```
[49]:  class Mn:

           a = 1

           def __init__(self,shuzi):
               self.shuzi = shuzi

       m1 = Mn(888)
       m2 = Mn(999)

       print(m1.shuzi)
       print(m2.shuzi)

       888
       999
```

图 5-24　成员变量改变不影响其他实例

2. 静态方法

静态方法也是无须通过实例化即可调用的函数，我们可以在方法上方写上 "@staticmethod" 直接调用，其格式如图 5-25 所示。

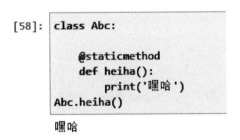

```
[58]:  class Abc:

           @staticmethod
           def heiha():
               print('嘿哈')
       Abc.heiha()

       嘿哈
```

图 5-25　静态方法可直接调用

@staticmethod 是一种装饰器函数，使用这个装饰器函数建立的方法就属于静态方法。可以发现，我们在类中定义了方法 heiha()，但是并没有默认参数 self。

如果写上 self 参数，我们再想访问就必须要使用实例化的方法了，如图 5-26 所示。

```
[14]: class Mn:

          @staticmethod
          def heiha():
              print('嘿哈')

          def nihao(self):
              print('你好')

      Mn.heiha()
      Mn.nihao()
```

```
嘿哈
-----------------------------------------------------------------------
TypeError                                 Traceback (most recent call last)
Cell In[14], line 11
      8         print('你好')
     10 Mn.heiha()
---> 11 Mn.nihao()

TypeError: Mn.nihao() missing 1 required positional argument: 'self'
```

```
[17]: class Mn:

          @staticmethod
          def heiha():
              print('嘿哈')

          def nihao(self):
              print('你好')

      m1 = Mn()
      m1.nihao()
      Mn.nihao(m1)
```

```
你好
你好
```

图 5-26　带 self 参数访问需要实例化

私有属性与私有方法

我们在前面介绍的类、实例方法以及变量等都是可以在类的外部访问的，这种方法以及变量的权限是公开的。除了这种公开的，类和实例还有私有方法和变量。

1. 私有属性

我们可以通过 dir() 函数来查看括号内的公开方法和属性，示例如

图 5-27 所示。

图 5-27　dir() 函数使用示例

我们也可以从外部建立新的属性，如图 5-28 所示。

图 5-28　从外部建立新的属性

对比图 5-27 和图 5-28 可以发现，图 5-28 的最后多了个"abc"，这就是从外部建立新属性的方法。除了对类的属性进行创建或修改，我们也可以对实例的属性进行创建，如图 5-29 所示。

图 5-29　对实例的属性进行创建

2. 私有变量和私有方法

（1）所谓的私有变量和私有方法是只能在类的内部使用的变量和方法。私有变量的名称和私有方法的名称是在名字前方加上两个下划线来当作前缀而命名的，如图 5-30 所示。

```
[29]: class Mn:
          __abc = 666

      print(Mn.__abc)
---------------------------------------------------------------------
AttributeError                            Traceback (most recent call last)
Cell In[29], line 4
      1 class Mn:
      2     __abc = 666
----> 4 print(Mn.__abc)

AttributeError: type object 'Mn' has no attribute '__abc'
```

图 5-30 私有变量和私有方法的命名

从图 5-30 中可以发现，我们在类的内部创建了新的属性，但是在调用时发生了错误，显示"Mn"中没有属性"__abc"，这说明我们创建的属性是私有属性，不能从外部访问。我们可以使用 dir() 函数来查看"Mn"的属性，如图 5-31 所示。

图 5-31 使用 dir() 函数查看 'Mn' 的属性

从图 5-31 可以发现，显示出来的"Mn"的属性中没有 __abc，但是却在最前面多了一个名为"_Mn__abc"的属性。

我们在 Python 中我们创建的私有属性其实是被 Python 在这个属性前面加了一个下划线和类名（_类），也就相当于给我们创建的私有属性改了名字。因为外部调用时，如果我们使用的是原名字，系统是会报错的，但是如果我们在调用时用的是改过之后的属性名，系统就可以访问了，如图 5-32 所示。

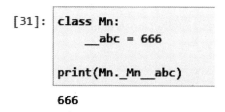

图 5-32　用改过之后的属性名可以访问

实例的私有属性创建方式和类相同，如图 5-33 所示。

图 5-33　实例的私有属性创建

（2）私有方法的创建方式就是在方法的前面加上两个下划线（＿＿方法名字），如图 5-34 所示。

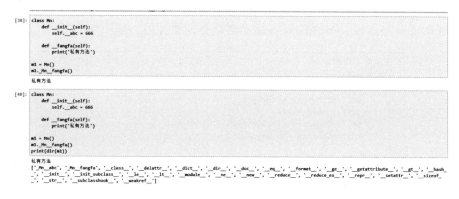

图 5-34　私有方法的创建

3. 私有变量和私有方法的意义

当我们使用全自动洗衣机时，我们只需要选择"开始"然后等着结束就可以了，但是洗衣服的程序内部包括加水、搅动、排水、加水、脱水、烘干等多项功能，这些功能都在内部隐藏着不需要对外展示，而私有变量和私有方法可以隐藏 class 内部的一些细节。

面向对象的三大特征

1. 封装

class 是类，类是指一组有着相似特征的事物的统称。类的属性一般是指某种信息，属性是名词。类的方法指的是这个对象干什么，即对象的功能。

"封装"中的"封"是指封闭住的意思，外部无法进行访问，比如函数就有封的特性；"装"的意思就是把一些属性、方法等放到一起作为一个整体，比如 class 就把属性、方法打包成了一个整体，但是 class 只体现了装的特性，并没有体现封的特性。

有时我们需要对某种信息进行封装，不让外部调用，而有些信息可以调用，就像我们打开朋友微信主页，我们可以看到对方账号、昵称等，但是无法看到密码。为了实现这一点，我们就需要把密码封起来，这时用 Python 在属性、方法的开头加上两个下划线即可，如图 5-35 所示。

```python
# 软件内部程序
class Yonghu:
    def __init__(self,nicheng,mima,xingbie,nianling):
        self.nicheng = nicheng
        self.__mima = mima
        self.xingbie = xingbie
        self.nianling = nianling

# 客户端程序
a = Yonghu('张三','666888','男','25')
def yonghuxinxi(u:Yonghu):
    print(u.nicheng)
    print(u.__mima)
    print(u.xingbie)
    print(u.niamling)

yonghuxinxi(a)
```

张三

图 5-35 属性、方法的封装

```
------------------------------------------------------------
AttributeError                          Traceback (most recent call last)
Cell In[2], line 15
     12         print(u.xingbie)
     13         print(u.niamling)
---> 15 yonghuxinxi(a)

Cell In[2], line 11, in yonghuxinxi(u)
      9 def yonghuxinxi(u:Yonghu):
     10         print(u.nicheng)
---> 11         print(u.__mima)
     12         print(u.xingbie)
     13         print(u.niamling)

AttributeError: 'Yonghu' object has no attribute '__mima'
```

图 5-35　（续）

从图 5-35 中可以发现，我们在 "mima(密码)" 前面加了两个下划线，这样密码就变成了私有属性，被封起来。当客户端想对密码进行访问修改时，系统进行了报错，显示没有这个属性。

2. 继承

（1）继承是用来管理和约束一些代码的一种技术。class 可以通过继承的方式拥有另外一个类的公开的成员属性和方法，被继承的类称为父类，继承的那个类称为子类，继承的格式语法如图 5-36 所示。

```
[16]:  class Aa:
           def __init__(self):
               print('打印父类')
               self.mingzi = '开始测试'

           def dayin(self):
               return self.mingzi

       class Bb(Aa):
           pass

       m = Bb()
       print(m.mingzi)
       print(m.dayin())

打印父类
开始测试
开始测试
```

图 5-36　继承的格式语法

从图 5-36 中可以发现，原本 Bb() 这个类是个空的，但是我们使用继承的方式在括号里面加上了 "Aa"，那么这时 Aa() 就是父类，Bb() 就是子类，所以令 m = Bb()，运行时系统会出现 "打印父类"，因为如果子类的初始化方法是空的，系统则会默认运行子类继承的父类的初始化方法，只有这样子类才能拥有父类的成员方法和成员变量。需要注意的是，私有的属性是无法被继承的。

（2）当我们想在子类中调用父类的属性方法时，我们可以使用 super() 函数，如图 5-37 所示。

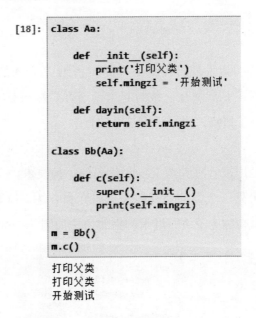

```
[18]: class Aa:

          def __init__(self):
              print('打印父类')
              self.mingzi = '开始测试'

          def dayin(self):
              return self.mingzi

      class Bb(Aa):

          def c(self):
              super().__init__()
              print(self.mingzi)

      m = Bb()
      m.c()
```
打印父类
打印父类
开始测试

图 5-37　在子类中调用父类的属性方法

从图 5-37 中可以看到，我们使用 super().__init__() 的方式来调用父类中的 "mingzi"，但是在输出结果时系统却输出了两次 "打印父类"，这显然是不合理的，所以我们可以使用 super() 的另一种使用方式调用父类的属性方法，如图 5-38 所示。

```
[20]: class Aa:

          def __init__(self):
              print('打印父类')
              self.mingzi = '开始测试'

          def dayin(self):
              return self.mingzi

      class Bb(Aa):

          def __init__(self):
              super().__init__()

          def c(self):
              print(self.mingzi)

      m = Bb()
      m.c()
```

打印父类
开始测试

图 5-38　使用 super() 的另一种方式调用父类的属性方法

（3）基类 object。所有的类都会继承基类 object，也就是说基类 object 是所有类的父类，我们可以用下列程序来进行证明，如图 5-39 所示，其中 mro() 函数可以打印类和其父类。

```
[22]: class A:
          pass

      print(A.mro())
```

[<class '__main__.A'>, <class 'object'>]

图 5-39　基类 object 是所有类的父类的证明

（4）多重继承。一个子类继承了多个父类就叫多重继承，多重继承的方式如图 5-40 所示。

```
[2]: class Liming:
         def ab(self):
             print('李明是个好人')

     class Zhangsan:
         def cd(self):
             print('张三是个坏蛋')

     class Pingjia(Liming,Zhangsan):
         pass

     m = Pingjia()
     m.ab()
     m.cd()
```

李明是个好人
张三是个坏蛋

图 5-40　多重继承的方式

从图 5-40 中可以看出，名为 "Pingjia" 的类继承了上面两个类。此时我们可以使用 mro() 函数来查看子类 Pingjia 的父类，如图 5-41 所示。

```
[7]: class Liming:
         def ab(self):
             print('李明是个好人')

     class Zhangsan:
         def cd(self):
             print('张三是个坏蛋')

     class Pingjia(Liming,Zhangsan):
         pass

     m = Pingjia()
     print(Pingjia.mro())
```

[<class '__main__.Pingjia'>, <class '__main__.Liming'>, <class '__main__.Zhangsan'>, <class 'object'>]

图 5-41　使用 mro() 函数来查看父类

使用 mro() 函数显示出来的类是有先后顺序的，顺序是从左到右，这个顺序有很重要的作用。需要注意的是，如果子类继承的多个父类中有相同的方法，那么在调用这个方法时，左侧的类的方法会覆盖右侧的类的方法，也就是说调用后系统只会运行最左侧的类的方法，如图 5-42 所示。

```
[8]: class Liming:
         def ab(self):
             print('李明是个好人')

     class Zhangsan:
         def ab(self):
             print('张三是个坏蛋')

     class Pingjia(Liming,Zhangsan):
         pass

     m = Pingjia()
     print(Pingjia.mro())
     m.ab()
```

```
[<class '__main__.Pingjia'>, <class '__main__.Liming'>, <class '__main__.Zhangsan'>, <class 'object'>]
李明是个好人
```

图 5-42　调用后系统只会运行最左侧的类的方法

如果想要判断两个类之间是不是子类与父类的关系，我们可以采用 issubclass(子类，父类) 函数来实现，需要注意括号中子类在前，父类在后。如果两个类之间是子类和父类的关系，系统会显示 True，如果不是则会显示 False，如图 5-43 所示。

```
[15]: class Liming:
          def ab(self):
              print('李明是个好人')

      class Zhangsan:
          def ab(self):
              print('张三是个坏蛋')

      class Pingjia(Liming,Zhangsan):
          pass

      print(issubclass(Pingjia,Liming))

      print(issubclass(Liming,Pingjia))

      print(issubclass(Zhangsan,Liming))
```

```
True
False
False
```

图 5-43　判断两个类之间是不是子类与父类的关系

如果想要查看子类继承了哪些父类，我们可以使用"子类 .__bases__"的方法，如图 5-44 所示。

```
[16]: class Liming:
          def ab(self):
              print('李明是个好人')

      class Zhangsan:
          def ab(self):
              print('张三是个坏蛋')

      class Pingjia(Liming,Zhangsan):
          pass

      print(Pingjia.__bases__)
```

(<class '__main__.Liming'>, <class '__main__.Zhangsan'>)

图 5-44　查看子类继承了哪些父类

从图 5-44 中可以发现，打印出来的结果是一个元组，元组内是父类。我们还可以利用这个函数来调用特定父类里面的方法，如图 5-45 所示

```
[17]: class Liming:
          def ab(self):
              print('李明是个好人')

      class Zhangsan:
          def cd(self):
              print('张三是个坏蛋')

      class Pingjia(Liming,Zhangsan):
          pass

      print(Pingjia.__bases__)
      m = Pingjia.__bases__[0]()
      m.ab()
```

(<class '__main__.Liming'>, <class '__main__.Zhangsan'>)
李明是个好人

图 5-45　调用特定父类里面的方法

3. 多态

在编程中，多态是一项非常重要的技术。按照字面理解，多态就是多种状态的意思，具体是指在继承中子类和父类有着相似的行为但本质

却不同。举一个简单的例子，我们出行有时会坐火车，但是火车也分为普通列车、动车和高铁三种不同的车型，每种车型的速度不同。

多态的实质是调用者不依赖具体实现的类，而是依赖接口，即程序依赖抽象而不是具体实现。多态的具体实现是调用了父类的方法，但实际上执行的是子类的方法。多态的使用示例如图 5-46 所示。

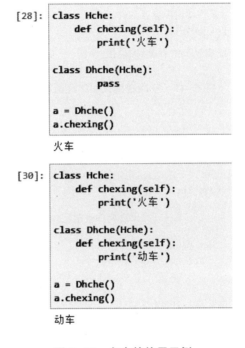

图 5-46　多态的使用示例

从图 5-46 中可以看出，若子类和父类的方法相同，则程序在执行时会执行子类的方法，这是因为子类的方法覆盖了从父类那里继承的方法。

在程序的开发领域，我们在对程序进行修改时最好是增加新功能而不是修改原功能，在添加新功能时应该减少旧代码的修改。

比如，有客户提出想要一个能够查询普通列车时速的程序，这时我们可能会写出如图 5-47 所示的程序。

```
[32]:  # 先创建一个类
       class Hche:
           def get_sudu(self):
               print('绿皮火车速度是100公里/小时')

       #创建一个查询函数给使用者调用
       def get_sudu():
           Hche().get_sudu()

       #客户端调用查询函数
       get_sudu()
```
绿皮火车速度是100公里/小时

图 5-47　初版查询火车时速的程序

后来客户又要求这个程序除了能查询绿皮火车的时速，还要能查询动车的时速，这时我们就需要对查询函数进行更改，如图 5-48 所示。

```
[35]:  class Lhche:
           def get_sudu(self):
               print('绿皮火车速度是100公里/小时')

       class Dhche:
           def get_sudu(self):
               print('动车的速度为200公里/小时')

       def get_sudu(yinzi):
           if yinzi == 'L':
               Lhche().get_sudu()

           elif yinzi == 'D':
               Dhche().get_sudu()

       get_sudu('L')
       get_sudu('D')
```
绿皮火车速度是100公里/小时
动车的速度为200公里/小时

图 5-48　第一次改版的查询火车时速的程序

从图 5-48 中可以知道，为了满足顾客的需求，我们对原有的函数代码进行了更改。如果代码简单，可能看不出什么，但是在工作中代码往往是很多、很复杂的，如果每次修改都在原有代码上进行的话，就会极容易出问题。这时我们可以采用多态的方式解决这种问题，如图 5-49 所示。

```
[38]:  class Hche:
           def get_sudu(self):
               pass

       class Lhche(Hche):
           def get_sudu(self):
               print('绿皮火车速度是100公里/小时')

       class Dhche(Hche):
           def get_sudu(self):
               print('动车速度是200公里/小时')

       class Ghche(Hche):
           def get_sudu(self):
               print('高铁速度是300公里/小时')


       def get_sudu(lx:Hche):
           lx.get_sudu()


       m1 = Lhche()
       m2 = Dhche()
       m3 = Ghche()
       get_sudu(m1)
       get_sudu(m2)
       get_sudu(m3)
```

绿皮火车速度是100公里/小时
动车速度是200公里/小时
高铁速度是300公里/小时

图 5-49　第二次改版的查询火车时速的程序

图 5-49 中的"def get_sudu(lx:Hche)"括号里面的"lx"是参数，冒号后面的"Hche"相当于一种提示，提示使用者这个参数是什么类型，这里告诉了使用者参数类型是不同的类。

通过图 5-49 所示的使用多态的方式，再有新增加的车型时，我们就不需要对原来的代码进行改动，只需要新增即可。

创建类的重要原则

什么时候使用类：在我们使用基本的数据类型（如数字、字符串）已经无法满足数据类型的需要时，我们可以创建一个类；当一个函数中参数比较多时，为了防止搞混我们可以使用类来封装函数。

1. 简短原则

我们在创建一个类时要尽量简短，当功能比较多时不要想着让一个类包含所有功能，而是可以试着每个功能创建一个类。

2. 单一职责原则

一个类应该尽量确保自己的职责单一，职责就是功能或数据的意思，比如我们想写一个能够打电话的类，那就应该让这个类专注于打电话这个功能，至于发短信、看视频等其他功能应该用另外的类去实现。

3. 高内聚原则

高内聚是指一个类里面的成员和方法应该紧密相连，成员和方法都是为了完成这个类的职责，越是高内聚的类，类的职责就越单一。

5.5　类和类的关系与选择

对象实例的类型判断

有时我们需要判断一个实例是不是另外某个 class 的类型，这时我们可以使用 isinstance(实例，类) 来判断括号里面的实例是不是属于括号里面的类，如图 5–50 所示。

```
[3]: class Hche:
         def get_sudu(self):
             pass

     class Ghche(Hche):
         def get_sudu(self):
             print('高铁速度是300公里/小时')

     class Mhche():
         def get_sudu(self):
             print('慢火车速度只有60公里/小时')


     def get_sudu(lx:Hche):
         lx.get_sudu()

     def test(ab):
         if isinstance(ab,Hche):
             ab.get_sudu()

     test(Ghche())
     test(Mhche())
```

高铁速度是300公里/小时

图 5–50　isinstance(实例，类) 的使用示例

从图 5-50 中可以看出，我们用 isinstance() 函数来判断参数 ab 是不是继承于类 Hche，如果是就运行，不是就不会运行。我们在代码最下方给函数 test() 传递的第一个参数是 Ghche()，它继承于 Hche()，所以被运行了；而 Mhche() 没有被运行。

我们也可以使用 type() 函数来查看类型，如图 5-51 所示。

```
[7]: class Hche:
         def get_sudu(self):
             pass

     print(type(1))
     print(type('2'))
     print(type(Hche()))

     <class 'int'>
     <class 'str'>
     <class '__main__.Hche'>
```

图 5-51　使用 type() 函数来查看类型

类与类的依赖关系

依赖关系是指，若我们在 A 类的方法里面调用了 B 类的方法，且二者不是父子类的关系，则说 A 与 B 是 A 类依赖 B 类的关系。

A 类的方法里调用 B 类的方法有两种常见方式，第一种如图 5-52 所示。

```
[6]: class Aa:
         def mingzi(self,name):
             print(f'姓名：{name}')

     class Bb:
         def weixin(self,haoma):
             print(f'微信号：{haoma}')

     class Cc:
         def mingzi(self,name):
             Aa().mingzi(name)
```

图 5-52　第一种调用方式

```
    def weixin(self,haoma):
        Bb().weixin(haoma)

m1 = Cc()
m1.mingzi('张三')
m1.weixin('zhangsan666')
```

姓名：张三
微信号：zhangsan666

图 5-52 （续）

第二种方法是用传参的方式产生依赖，如图 5-53 所示。

```
[8]: class Aa:
        def mingzi(self,name):
            print(f'姓名：{name}')

    class Bb:
        def weixin(self,haoma):
            print(f'微信号：{haoma}')

    class Cc:
        def mingzi(self,name,c:Aa):
            c.mingzi(name)

        def weixin(self,haoma):
            Bb().weixin(haoma)

m1 = Cc()
m1.mingzi('张三',Aa())
```

姓名：张三

图 5-53 第二种调用方式

类与类的组合关系

组合是指将一个类作为另一个类的成员变量组合起来，这个类就可以拥有另一个类的功能，示例如图 5-54 所示。

```
[13]: class Aa:
          def mingzi(self,name):
              print(f'姓名：{name}')

      class Bb:
          def weixin(self,haoma):
              print(f'微信号：{haoma}')

      class Cc:
          def __init__(self):
              self.smingzi = Aa()
              self.sweixin = Bb()

          def mingzi(self,name):
              self.smingzi.mingzi(name)

          def weixin(self,haoma):
              self.sweixin.weixin(haoma)

      m1 = Cc()
      m1.mingzi('张三')
      m1.weixin('zhangsan666')
```

姓名：张三
微信号：zhangsan666

图 5-54　类与类的组合

组合与继承该如何选择

继承最好不要超过两层，如果继承的层次太深，则会容易出错，代码异常时也不容易更改。

如果一个类想继承另一个类，则这两个类必须是"is a"的关系，比如一个类里面都是梨，那么它的子类可以是鸭梨、水晶梨、雪花梨等，牛奶、草莓想继承梨的话是不行的。所以当两个类不满足"is a"的关系时最好不要用继承而是使用组合。

5.6　常见异常与异常处理

语法错误与逻辑错误

我们在编程过程中肯定会遇到报错的情况，所以知道错误类型以及该如何处理错误就显得尤为重要。

错误分为语法错误和逻辑错误。当我们运行一段代码时，Python 解释器会对代码进行解析，当发现代码存在语法错误时 Python 解释器就会在错误处终止运行并给出错误类型。错误类型也是一个类，名称为 SyntaxError:invalid syntax，相信大家在运行自己所写的代码时见过这种报错，语法错误示例如图 5-55 所示。

```
[4]: print'a'

     Cell In[4], line 1
       print'a'
            ^
SyntaxError: Missing parentheses in call to 'print'. Did you mean print(...)?
```

图 5-55　语法错误示例

逻辑错误，顾名思义是指写的代码逻辑出现了错误。逻辑错误一般不容易发现，而且有时不会报错，逻辑错误的代码在运行时有时会得到正确结果，有时会得到错误结果，比如我们想要写一个加法，结果却是乘法，如图 5-56 所示。

```
[7]: def jiafa(m,n):
         return m * n
```

图 5-56　逻辑错误示例

异常

异常是指程序在运行时有时会正常运行，有时却会出错，这个错误可能不会导致程序崩溃，但是它会让当前线程终止。

异常也有内置的错误类型，所有的内置异常类型都继承于 BaseException 类，这个类包括 BaseExceptionGroup、GeneratorExit、KeyboardInterrupt、SystemExit、Exception。其中，Exception 这个错误类型尤为重要，我们见过的 SyntaxError、AttributeError 错误类型均继承于 Exception，这也是我们自己定义异常类型时必须要继承的一个类。

异常分析与防御性编程

如今的编程语言大都会提供异常处理机制，示例如图 5-57 所示。

```
[8]: def jiafa(m,n):
         return m + n

     print(jiafa(3,5))
     print(jiafa(3,'5'))

     8
     ---------------------------------------------------------------------------
     TypeError                                 Traceback (most recent call last)
     Cell In[8], line 5
          2     return m + n
          4 print(jiafa(3,5))
     ----> 5 print(jiafa(3,'5'))

     Cell In[8], line 2, in jiafa(m, n)
          1 def jiafa(m,n):
     ----> 2     return m + n

     TypeError: unsupported operand type(s) for +: 'int' and 'str'
```

图 5-57　异常处理机制示例

图 5–57 中代码"print(jiafa(3,5))"正常运行出现了结果 8，但是在运行"print(jiafa(3,'5'))"时发生了报错，报错指出了错误代码在哪一行，而且在最开始左上角告诉了我们是类型错误"TypeError"，最后一行指出了"unsupported operand type(s) for +: 'int' and 'str'"，也就是说整型和字符串不能相加。

学会了如何分析报错之后，我们再去更改错误自然就方便了很多。

图 5–57 中的程序之所以报错是因为输入的变量类型错误，我们要的是整型之间的运算。为了防止出现这种错误，我们可以使用防御性编程的方法保证做运算的两个变量是整型。我们可以在运算之前对要做运算的数据进行类型判断，如果满足要求则进行运算，如果不满足要求则不进行操作。防御性编程示例如图 5–58 所示。

```
[10]: def jiafa(m,n):
          if isinstance(m,int) and isinstance(n,int):
              return m + n
          else:
              return None

      print(jiafa(3,5))
      print(jiafa(3,'5'))

      8
      None
```

图 5-58　防御性编程示例

异常处理

异常处理是指程序运行发生了异常后可以调用某些操作来处理或者忽略这个异常。Python 提供了 try 代码块来捕捉和处理异常，格式如下：

try:

　可能出现异常的代码

except:

　有异常要执行的操作

finally:

    不管是否有异常，都要执行的代码

也就是说，我们把可能出现异常的代码放在 try 和 except 之间，异常的处理代码放到 except 后面，finally 是可选的，用来释放资源。我们可以把 try 代码块用在前面的代码里面，如图 5-59 所示。

```
[17]: def jiafa(m,n):
          try:
              return m + n
          except:
              return None
          finally:
              print('不论有无异常我这句话都会出现！')

      print(jiafa(3,5))
      print(jiafa(3,'5'))
```
不论有无异常我这句话都会出现！
8
不论有无异常我这句话都会出现！
None

图 5-59　异常处理

我们也可以选择不写 finally，如图 5-60 所示。

```
[18]: def jiafa(m,n):
          try:
              return m + n
          except:
              return None

      print(jiafa(3,5))
      print(jiafa(3,'5'))
```
8
None

图 5-60　不写 finally 的异常处理

5.7　装饰器

装饰器函数

　　装饰器是函数的一种，它的形参也是一个函数，装饰器在接收一个函数后会对这个函数做一些处理，然后返回这个函数。

　　我们之前学习过嵌套函数，示例如图 5-61 所示。

```
[4]: def m():
         print('这外面是m')

         def n():
             print('里面是n')
         return n

     a1 = m()
     a1()
```
这外面是m
里面是n

图 5-61　嵌套函数示例

　　我们现在来分析一下图 5-61 中的程序，函数 m() 里面嵌套着函数 n()，程序返回的是 n，并没有加括号，所以在外边调用时 a1 = m()，这里 a1 就相当于 b，也没有加括号。所以如果要调用某个函数，则需要在后面加括号。

装饰器的运行方式类似于嵌套函数，只是装饰器封装的是外边的函数，比如函数 m() 和函数 n() 都在外部，我们如果想要在函数 m() 中调用函数 n()，可能会写如图 5-62 所示的程序。

```
[5]: def m():
         n()

     def n():
         print('里面是n')

     m()
     里面是n
```

图 5-62　第一种调用方式

除了图 5-62 所示的方法，我们还可能采用如图 5-63 所示的方式。

```
[6]: def m(abc):
         abc()

     def n():
         print('里面是n')

     m(n)
     里面是n
```

图 5-63　第二种调用方式

上述两种方法虽然可以做到从 m() 中调用 n()，但如果 n() 中有形参且形参发生变化时，m() 也需要全部写上形参来接收，更改起来非常麻烦。这时我们就可以用装饰器的形式来完成这项任务，示例如图 5-64 所示。

```
[7]: def m(abc):
         def chuan(*args,**kwargs):
             return abc(*args,**kwargs)
         return chuan


     @m
     def n(qw,qe,qr):
         print(qw,qe,qr,'所有参数都被传递')

     n('小明','小红','小黑')
```

小明 小红 小黑 所有参数都被传递

图 5-64　用装饰器的形式调用函数

类中的装饰器 property

我们在讲静态变量时用到了 @staticmethod，下面我们学习类中常见的装饰器 @property。我们在类中想访问和更改私有变量时，需要用到 get 和 set 这两个方法，示例如图 5-65 所示。

```
[9]: class Xuesheng:
         def __init__(self):
             self.__mingzi = ''

         def get_mingzi(self):
             return self.__mingzi

         def set_mingzi(self,mingzi):
             self.__mingzi = mingzi

     a1 = Xuesheng()
     a1.set_mingzi('张三')
     print(a1.get_mingzi())
```

张三

图 5-65　在类中访问和更改私有变量

我们如果想简化调用代码，则可以使用装饰器 @property，示例如图 5-66 所示。

```
[10]: class Xuesheng:
          def __init__(self):
              self.__mingzi = 'xxx'

          @property
          def mingzi(self):
              return self.__mingzi

          @mingzi.setter
          def mingzi(self,mingzi):
              self.__mingzi = mingzi

      a1 = Xuesheng()
      a1.mingzi = '张三'
      print(a1.mingzi)
```
张三

图 5-66　用装饰器 @property 简化调用代码

用装饰器改写登录函数

在编写代码时，我们有时需要在函数执行前对函数进行一些处理，这时就可以使用装饰器完成这项操作，比如我们写了一个登录函数，这个函数可以判断用户输入的账号和密码是否为空以及是不是有错误，只有正确输入账号和密码才可以进行登录，原函数代码如图 5-67 所示。

```
[13]: def denglu(zhanghao,mima):
          if None in (zhanghao,mima) or '' in (zhanghao,mima):
              print('账号或密码不能为空')
              return

          elif zhanghao == 'zhangsan' and mima == '666888':
              print('账号和密码正确，登录成功')

          else:
              print('账号或密码有误，请核对后重新输入！')

      denglu('zhangsan','123456')
```
账号或密码有误，请核对后重新输入！

图 5-67　原函数代码

　　这个函数中判断用户输入是否为空的功能可以在函数运行前实现，要想使函数运行时账号和密码已经不是空的了，我们可以使用装饰器来完成这项操作，如图 5-68 所示。

```
[17]: def jiancha(func):
          def wrapper(*args,**kwargs):
              if None in args or '' in args:
                  print('账号或密码不能为空')
                  return

              else:
                  return func(*args,**kwargs)
          return wrapper

      @jiancha
      def denglu(zhanghao,mima):
          if zhanghao == 'zhangsan' and mima == '666888':
              print('账号和密码正确，登录成功')

          else:
              print('账号或密码有误，请核对后重新输入！')

      denglu('zhangsan','123456')
```

账号或密码有误，请核对后重新输入！

图 5-68　使用装饰器的代码

5.8　面向对象编程练习

　　我们之前写过一个名单管理系统，当时我们使用的是函数，如今学习了类之后我们可以使用类的方法来重新写一个名单管理系统当作练习。

　　在写程序之前，我们需要分析这个系统包含的类和功能。这个系统是学生名单管理系统，我们可以把它分为学生类和管理类，学生类用来描述学生的信息，学生的信息可以放到列表中；管理类包括对学生信息进行添加、查询、删除、遍历四种功能。知道这些后，我们就可以自己尝试写出这个学生名单管理系统。

学生类编程如图 5-69 所示。

```
class Tongxue:
    def __init__(self):
        self.__mingzi = ''
        self.__banji = ''
        self.__nianji = ''
        self.__fenshu = ''

    def set_mingzi(self,mingzi):
        self.__mingzi = mingzi

    def set_banji(self,banji):
        self.__banji = banji

    def set_nianji(self,nianji):
        self.__nianji = nianji

    def set_fenshu(self,fenshu):
        self.__fenshu = fenshu


    def get_mingzi(self):
        return self.__mingzi

    def get_banji(self):
        return self.__banji

    def get_nianji(self):
        return self.__nianji

    def get_fenshu(self):
        return self.__fenshu
```

图 5-69　学生类编程

管理类编程如图 5-70 所示。

```python
class Guanli:
    __gl:dict = dict()
    def __zeng(self,mingzi,banji,nianji,fenshu):
        a = Tongxue()
        a.set_mingzi(mingzi)
        a.set_banji(banji)
        a.set_nianji(nianji)
        a.set_fenshu(fenshu)
        self.__gl[mingzi] = a

    def __chaxun(self,mingzi):
        a = self.__gl.get(mingzi)
        if a is not None:
            print(a.get_mingzi(),a.get_banji(),a.get_nianji(),a.get_fenshu())

        else:
            print(f'{mingzi}不在名单里')

    def __shanchu(self,mingzi):
        self.__gl.pop(mingzi,None)

    def __list(self):
        a_keys = self.__gl.keys()
        print(f'{"姓名":>5}{"班级":>10}{"年龄":>15}{"分数":>20}')
        for k in a_keys:
            a = self.__gl.get(k)
            print(f'{a.get_mingzi():>5}{a.get_banji():>12}{a.get_nianji():>16}{a.get_fenshu():>22}')

    def runing(self):
        while 1:
            print('注意：按1添加，按2查询，按3删除，按4遍历，按0退出',end = '')

            dd = int(input('请输入想使用的功能对应数字'))

            if 1 == dd:
                self.__zeng(input('名字'),input('班级'),input('年龄'),input('分数'))

            elif 2 == dd:
                self.__chaxun(input('名字'))

            elif 3 == dd:
                self.__shanchu(input('名字'))

            elif 4 == dd:
                self.__list()

            else:
                print('退出程序')
                break

Guanli().runing()
```

图 5-70　管理类编程

运行结果如图 5-71 所示。

注意: 按1添加，按2查询，按3删除，按4遍历，按0退出
请输入想使用的功能对应数字 1
名字 张三
班级 233
年龄 18
分数 677
注意: 按1添加，按2查询，按3删除，按4遍历，按0退出
请输入想使用的功能对应数字 1
名字 李四
班级 235
年龄 19
分数 456
注意: 按1添加，按2查询，按3删除，按4遍历，按0退出
请输入想使用的功能对应数字 2
名字 张三
张三 233 18 677
注意: 按1添加，按2查询，按3删除，按4遍历，按0退出
请输入想使用的功能对应数字 4

姓名	班级	年龄	分数
张三	233	18	677
李四	235	19	456

注意: 按1添加，按2查询，按3删除，按4遍历，按0退出
请输入想使用的功能对应数字 3
名字 张三
注意: 按1添加，按2查询，按3删除，按4遍历，按0退出
请输入想使用的功能对应数字 4

姓名	班级	年龄	分数
李四	235	19	456

注意: 按1添加，按2查询，按3删除，按4遍历，按0退出
请输入想使用的功能对应数字 0
退出程序

图 5-71　运行结果

第 6 章

ChatGPT 与 Python

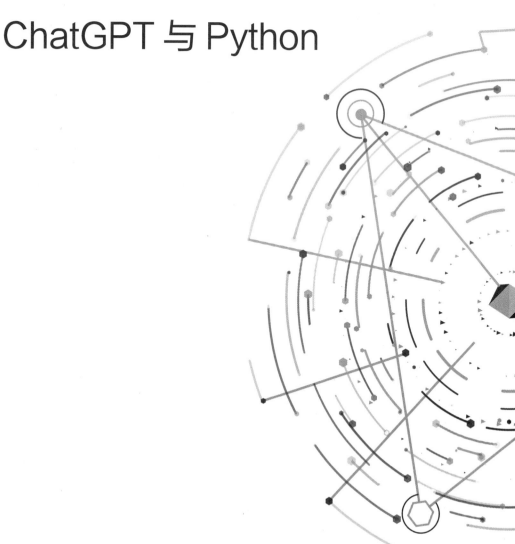

6.1 ChatGPT 与 Python 的关系

ChatGPT 是由 Open AI 开发的一款人工智能语言模型，它可以生成连贯且相关的文本。ChatGPT 是在 GPT（generative pretrained transformer）模型的基础上发展起来，GPT 模型采用的是 transformer 架构，它在大量的文本数据上进行预训练，然后再进行微调以适应特定的任务，如回答问题或写作。

Python 是一种广泛使用的高级编程语言，被广泛用于各种应用中，包括 Web 开发、数据科学、机器学习和人工智能等。在许多人工智能项目中，Python 都是主要的编程语言。

ChatGPT 与 Python 的关系在于，ChatGPT 的开发、训练和部署都需要使用 Python 语言。这是因为 Python 有强大的库支持（如 TensorFlow，PyTorch 等）来进行人工智能的相关工作，并且 Python 语法简洁明了，易于学习，因此广泛用于人工智能领域。

简单地说，Python 是用来创建和运行像 ChatGPT 这样的人工智能模型的工具。Python 提供了开发和运行这些模型所需要的许多功能和库。

ChatGPT 在开发时使用的基础架构就是用 Python 搭建的，所以 ChatGPT 在编程上有着不错的作用。ChatGPT 虽然不能替我们写复杂的代码，但是它可以帮我们检验代码的正确与否，指出并更正错误代码，甚至可以直接帮我们写出一些想要的简单代码。

前面有关 ChatGPT 的应用的章节中提到过，我们可以把 ChatGPT 当作一名不知疲倦的、有着无比耐心的老师。因此，我们完全可以让 ChatGPT 扮演一名 Python 老师来辅助我们学习 Python。我们首先让 ChatGPT 帮我们列出一份教学大纲，如图 6-1 所示。

> **AM**　你现在扮演一名Python老师，来教我学习Python，我之前从未接触过Python所以是零基础，那么现在你列出一份教学大纲出来

> 非常好，我非常乐意帮助你学习Python。以下是我推荐的学习大纲：
>
> 1. Python基础：
>   - 什么是Python及其特点
>   - 如何安装Python
>   - Python解释器的使用
>   - 简单的打印语句（Hello World）
> 2. Python基础语法：
>   - 注释
>   - 变量和数据类型
>   - 运算符
>   - 流程控制（if、for、while等）
> 3. Python数据结构：
>   - 列表（List）
>   - 元组（Tuple）
>   - 字典（Dict）
>   - 集合（Set）

图 6-1　ChatGPT 列出的教学大纲

由图 6-1 可以看出，ChatGPT 列出的教学大纲还是非常有逻辑性的，由浅入深，这个章节顺序非常适合编程小白来学习。接下来我们可以选择大纲中的某个章节来让 ChatGPT 给出具体教学内容，如图 6-2 所示。

现在详细地讲一讲变量和数据类型这一小节

非常好，接下来我们来详细地学习Python中的变量和数据类型。

变量：

在Python中，变量不需要预先声明。当你在变量名后面加上等号和一个值，Python就会自动创建这个变量。例如：

```python
x = 5
name = "John"
```

在这个例子中，`x`是一个整数变量，其值为5，`name`是一个字符串变量，其值为"John"。

数据类型：

1. **整数 (Integers)**：如上面的例子所示，整数就是没有小数点的数。例如：-3、0、5、100。
2. **浮点数 (Floats)**：这些是带有小数点的数。例如：-3.5、0.0、4.2。
3. **布尔 (Booleans)**：布尔类型只有两个值：True和False。这在逻辑判断和条件语句中非常有用。
4. **字符串 (Strings)**：字符串是字符的序列。在Python中，字符串可以用单引号或双引号括起来。例如："Hello"或'Hello'。
5. **列表 (Lists)**：列表是一个容器，它可以包含多个元素，这些元素可以是不同的类型。例如：[1, 2, 3]或["a", "b", "c", 1, 2, 3]。
6. **元组 (Tuples)**：元组和列表类似，但元组是不可变的，也就是说，你不能修改元组的内

图 6-2　ChatGPT 给出的具体教学内容

由图 6-2 可以看出，ChatGPT 对具体章节内容的讲述还是非常详尽的，而且会给出具体示例代码来给学生加深印象。我们还可以让 ChatGPT 对某个具体知识点展开详细讲解，如图 6-3 所示。

详细地讲解下布尔

好的，我很高兴详细解释一下Python中的布尔（Boolean）类型。

布尔是一种数据类型，仅有两个值: True（真）和False（假）。在Python中，布尔值可以用于进行逻辑运算或条件判断。

以下是一些可以生成布尔值的例子:

比较操作符:

比较操作符比较两个值，并返回一个布尔值。以下是一些比较操作符的例子:

```python
print(5 == 5)   # 输出: True, 因为5等于5
print(5 != 5)   # 输出: False, 因为5等于5
print(5 > 3)    # 输出: True, 因为5大于3
print(5 < 3)    # 输出: False, 因为5大于3
print(5 >= 5)   # 输出: True, 因为5大于或等于5
print(5 <= 3)   # 输出: False, 因为5大于3
```

逻辑操作符:

逻辑操作符对一个或两个布尔值进行操作，并返回一个布尔值。Python中有三个逻辑操作符. and or 和 not

图 6-3　ChatGPT 对具体知识点展开详细讲解

图 6-3 中 ChatGPT 详细介绍了什么是布尔值，并且介绍了布尔值的用法，在讲解时列举了大量的实例。我们可以非常清晰地看懂 ChatGPT 的讲解内容，对于其他的章节或者某个知识点我们也可以使用这样的方法来进行学习，对于不明白的地方我们可以一直追问 ChatGPT 直到弄明白为止。

6.2　ChatGPT 检验代码是否正确

ChatGPT 不仅可以在我们提出相应要求后帮我们写出代码，还可以对我们写的代码进行检验，判断代码是否有误并更改代码，示例如图 6-4、图 6-5 所示。

AM　帮我分析下下面代码能不能正常运行，如果有错的话指出错误在哪并给出更正建议

```python
class Mn:

    @staticmethod
    def heiha():
        print('嘿哈')

    def nihao(self):
        print('你好')

Mn.heiha()
Mn.nihao()
```

这段代码将会出现错误。问题在于尝试调用`nihao`方法。这个方法是一个实例方法，这意味着它需要一个类的实例才能被调用。而你的代码中是在类本身上调用它，没有任何实例。这将导致Python报错。

`Mn.heiha()`是正确的，因为`heiha`方法使用了`@staticmethod`装饰器，这允许它在类级别被调用，而无需创建类的实例。

为了解决这个问题，你需要先创建一个`Mn`类的实例，然后再调用`nihao`方法。以下是修改后的代码：

图 6-4　ChatGPT 检验代码示例

```python
class Mn:

    @staticmethod
    def heiha():
        print('嘿哈')

    def nihao(self):
        print('你好')

Mn.heiha()
mn_instance = Mn()
mn_instance.nihao()
```

在这段代码中，我们首先创建了一个 `Mn` 的实例 `mn_instance`，然后在这个实例上调用了 `nihao` 方法。这样代码就可以正常运行了。

图 6-4 （续）

AM　有没有其他的更改方法

除了先创建类的实例外，还有另一种方法，就是将 `nihao` 方法也改为静态方法。如果你并不需要在 `nihao` 方法中访问任何实例级别的数据，那么这将是一个可行的解决方案。这可以通过添加 `@staticmethod` 装饰器来完成。

以下是修改后的代码：

```python
class Mn:

    @staticmethod
    def heiha():
        print('嘿哈')

    @staticmethod
    def nihao():
        print('你好')

Mn.heiha()
Mn.nihao()
```

图 6-5　ChatGPT 更改代码示例

> 现在, `nihao` 和 `heiha` 方法都被声明为静态方法, 可以在不创建类实例的情况下调用。这样的修改使得你的代码可以正常运行了。但请注意, 只有当方法不需要访问任何实例特定的状态 (即不使用 `self`) 时, 你才应该使用静态方法。

图 6-5 （续）

　　从图 6-4、图 6-5 中可以发现, ChatGPT 不仅可以识别出我们的代码有无错误, 还可以指出错误在哪并给出一种甚至多种更改后的代码。

　　我们在前面几个章节的学习过程中如果发现自己写的代码在运行时出现了错误, 就可以把代码复制到 ChatGPT 中让其帮忙检查错误在哪里, 比如我们之前写过一个在列表中找寻某种颜色的程序, 如果不知道自己是否写错了, 那么现在就可以让 ChatGPT 帮忙检测一下, 如图 6-6 所示。

AM　帮我分析下下面代码能不能正常运行, 如果有错的话指出错误在哪并给出更正建议

```
y = input('请输入你想找到的颜色')
M = ['黑色','橙色','黄色','红色','绿色','蓝色']
for i,a in enumerate(M):
    if a = y:
        print(f'{i}已找到{y}。')

    else:
        print(f'{i}未找到{y}...')

print('查找完成')
```

图 6-6　ChatGPT 检测在列表中找寻某种颜色的程序代码

> 这段代码中存在一个语法错误。在 Python 中, `=` 是赋值运算符, 而 `==` 才是用于检查等于的比较运算符。所以在 `if` 语句中应该使用 `==` 来比较 `a` 和 `y` 的值, 而不是 `=`。
>
> 因此, 你的 `if` 语句应该是 `if a == y:` 而不是 `if a = y:`。

图 6-6　（续）

下面是更正后的代码：

```python
y = input('请输入你想找到的颜色')
M = ['黑色','橙色','黄色','红色','绿色','蓝色']
for i,a in enumerate(M):
    if a == y:
        print(f'{i}已找到{y}。')

    else:
        print(f'{i}未找到{y}...')

print('查找完成')
```

这段代码的功能是，首先获取用户输入的颜色，然后在颜色列表`M`中查找该颜色。如果找到，就打印出颜色的位置和颜色名；如果没找到，就打印出当前位置和未找到的消息。最后打印出查找完成的消息。

图 6-6　（续）

图 6-6 中 ChatGPT 一针见血地指出了这段代码错在哪里，而且还告诉了我们为什么这里是错的并给出了更正后的正确代码。

我们除了可以让 ChatGPT 帮我们检测并更正代码，还可以让 ChatGPT 给出一些正确代码的优化意见，从而优化我们的代码。比如我们用函数写了一个可以计算贷款买房月供的程序，这时我们可以让 ChatGPT 对代码进行优化，如图 6-7 所示。

AM　帮我分析下下面代码能不能正常运行，如果有错的话指出错误在哪并给出更正建议

```
zongjia = input('请输入你要买的房子总价/元')
shoufubili = input('请输入你首付的比例是百分之多少')
daikuanbili = float(1) - float(shoufubili) / 100
shoufukuan = int(float(zongjia) * float(shoufubili) / 100)
a = float(zongjia) * float(daikuanbili)
f = input('请输入你要贷款的年限')
g = input('请输入当地的贷款年利率是百分之多少')
p = float(g) / 100
m = float(p) / 12
b = float(a) * float(m)
n = float(1) + float(m)
h = float(f) * 12
c = float(n) ** float(h)
d = float(b) * float(c)
e = float(c) - float(1)
yuegong = float(d) / float(e)
yuegong = int(yuegong)
print(f'您的首付为{shoufukuan}元')
print(f'按照等额本息您每月需要还款{yuegong}元')
```

图 6-7　ChatGPT 对计算贷款买房月供的程序代码进行优化

你的代码基本上是正确的，但有一些小问题需要注意。

在 Python 中，`input` 函数会返回一个字符串。在后面的代码中，你试图将这些字符串转换为浮点数或整数，以进行数学计算。然而，你需要注意的是，如果用户输入的不是一个能转换为数字的字符串，这将会抛出一个 `ValueError` 异常。这可能会导致程序突然停止。你可能需要添加错误处理来确保用户输入的是合理的数值。

另外，对于每次的浮点数转换，你其实并不需要那么多的 `float()` 函数调用。Python在执行算术运算符（如 `+`、`-`、`*`、`/`）时会自动将整数转换为浮点数。

图 6-7　（续）

以下是修改后的代码：

```python
try:
    zongjia = float(input('请输入你要买的房子总价/元'))
    shoufubili = float(input('请输入你首付的比例是百分之多少')) / 100
    daikuanbili = 1 - shoufubili
    shoufukuan = int(zongjia * shoufubili)
    a = zongjia * daikuanbili
    f = float(input('请输入你要贷款的年限'))
    g = float(input('请输入当地的贷款年利率是百分之多少')) / 100
    p = g
    m = p / 12
    b = a * m
    n = 1 + m
    h = f * 12
    c = n ** h
    d = b * c
    e = c - 1
    yuegong = int(d / e)
    print(f'您的首付为{shoufukuan}元')
    print(f'按照等额本息您每月需要还款{yuegong}元')

except ValueError:
    print("请输入有效的数字")
```

在这个修改后的代码中，我增加了一个 `try/except` 语句，以捕获并处理可能出现的 `ValueError` 异常。这样，如果用户输入的不是一个有效的数字，程序将打印出一个错误消息，而不是直接崩溃。

图 6-7　（续）

图 6-7 中 ChatGPT 指出了代码并无错误，但是可以进一步完善，并且给出了完善的意见和完善后的代码。我们可以把 ChatGPT 给出的完善后的代码用 jupyterlab 运行下看能否正常运行，如图 6-8、图 6-9 所示。

```
[4]: try:
         zongjia = float(input('请输入你要买的房子总价/元'))
         shoufubili = float(input('请输入你首付的比例是百分之多少')) / 100
         daikuanbili = 1 - shoufubili
         shoufukuan = int(zongjia * shoufubili)
         a = zongjia * daikuanbili
         f = float(input('请输入你要贷款的年限'))
         g = float(input('请输入当地的贷款年利率是百分之多少')) / 100
         p = g
         m = p / 12
         b = a * m
         n = 1 + m
         h = f * 12
         c = n ** h
         d = b * c
         e = c - 1
         yuegong = int(d / e)
         print(f'您的首付为{shoufukuan}元')
         print(f'按照等额本息您每月需要还款{yuegong}元')

     except ValueError:
         print("请输入有效的数字")
```

请输入你要买的房子总价/元 abc
请输入有效的数字

图6-8 jupyterlab 运行完善后的代码

请输入你要买的房子总价/元 1400000
请输入你首付的比例是百分之多少 30
请输入你要贷款的年限 30
请输入当地的贷款年利率是百分之多少 3.7
您的首付为420000元
按照等额本息您每月需要还款4510元

图6-9 运行结果

6.3　ChatGPT 帮我们写代码

通过前面的学习我们知道了，ChatGPT 可以帮我们检测代码有无错误并给出更正后的代码，还可以对正确的代码进行一些优化。此外，ChatGPT 也可以在我们给出要求的情况下直接帮我们写出相应的代码，对于一些简单的代码我们完全可以交给 ChatGPT 来书写。

比如，之前章节中我们写过一个九九乘法表，如今有了 ChatGPT，我们完全可以把要求发给 ChatGPT 让对方帮我们写出九九乘法表的代码，如图 6-10 所示。

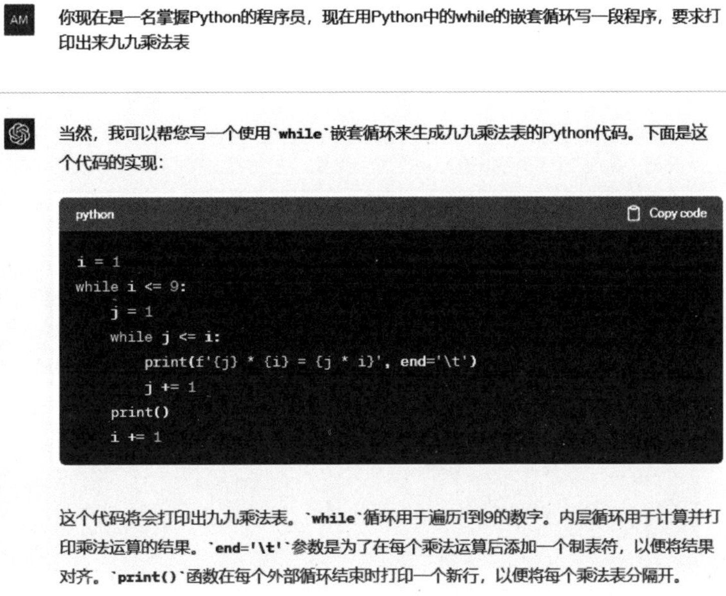

AM　你现在是一名掌握Python的程序员，现在用Python中的while的嵌套循环写一段程序，要求打印出来九九乘法表

当然，我可以帮您写一个使用 `while` 嵌套循环来生成九九乘法表的Python代码。下面是这个代码的实现：

```python
i = 1
while i <= 9:
    j = 1
    while j <= i:
        print(f'{j} * {i} = {j * i}', end='\t')
        j += 1
    print()
    i += 1
```

这个代码将会打印出九九乘法表。`while` 循环用于遍历1到9的数字。内层循环用于计算并打印乘法运算的结果。`end='\t'` 参数是为了在每个乘法运算后添加一个制表符，以便将结果对齐。`print()` 函数在每个外部循环结束时打印一个新行，以便将每个乘法表分隔开。

图 6-10　ChatGPT 写出九九乘法表的代码

从图 6-10 中我们可以看到，ChatGPT 不仅帮我们用 Python 写了相应的代码，还用文字专门解释了这些代码中一些关键词的作用和意义，这对学习 Python 的新手来说非常友好。现在我们将 ChatGPT 写的代码复制到 jupyterlab 上，代码是可以正常运行的，如图 6-11 所示。

```
[1]: i = 1
while i <= 9:
    j = 1
    while j <= i:
        print(f'{j} * {i} = {j * i}', end='\t')
        j += 1
    print()
    i += 1
```

```
1 * 1 = 1
1 * 2 = 2     2 * 2 = 4
1 * 3 = 3     2 * 3 = 6     3 * 3 = 9
1 * 4 = 4     2 * 4 = 8     3 * 4 = 12    4 * 4 = 16
1 * 5 = 5     2 * 5 = 10    3 * 5 = 15    4 * 5 = 20    5 * 5 = 25
1 * 6 = 6     2 * 6 = 12    3 * 6 = 18    4 * 6 = 24    5 * 6 = 30    6 * 6 = 36
1 * 7 = 7     2 * 7 = 14    3 * 7 = 21    4 * 7 = 28    5 * 7 = 35    6 * 7 = 42    7 * 7 = 49
1 * 8 = 8     2 * 8 = 16    3 * 8 = 24    4 * 8 = 32    5 * 8 = 40    6 * 8 = 48    7 * 8 = 56    8 * 8 = 64
1 * 9 = 9     2 * 9 = 18    3 * 9 = 27    4 * 9 = 36    5 * 9 = 45    6 * 9 = 54    7 * 9 = 63    8 * 9 = 72    9 * 9 = 81
```

图 6-11　jupyterlab 运行 ChatGPT 写的九九乘法表的代码

在使用 ChatGPT 帮我们写代码时，我们如果对第一次写的代码不满意，可以继续提出改进要求让 ChatGPT 改进自己的代码，直到我们满意为止。下面以名单管理系统的代码为例，让 ChatGPT 改进自己所写的代码。ChatGPT 最开始写的名单管理系统的代码如图 6-12 所示。

AM　现在你用函数的方法写一个名单管理系统，要求这个名单管理系统包含着人名，年龄，身高和体重，并且这个名单可以输入0然后增添元素，输入1然后删除元素，输入2访问某个元素，输入3然后遍历所有元素

这是一个简单的命令行名单管理系统的Python代码实现。在这个代码中，我将使用字典数据类型来存储人的信息，包括人名、年龄、身高和体重。同时，我将使用一列表来存储所有人的信息。你可以输入数字0,1,2,3来进行相应的操作，分别是增添元素、删除元素、访问某个元素和遍历所有元素。

```python                                    Copy code
class Roster:
    def __init__(self):
        self.roster = []
```

图 6-12　ChatGPT 最开始写的名单管理系统的代码

图 6-12 中的代码并没有退出循环的机制，我们可以要求 ChatGPT 加上退出机制，如图 6-13 所示。

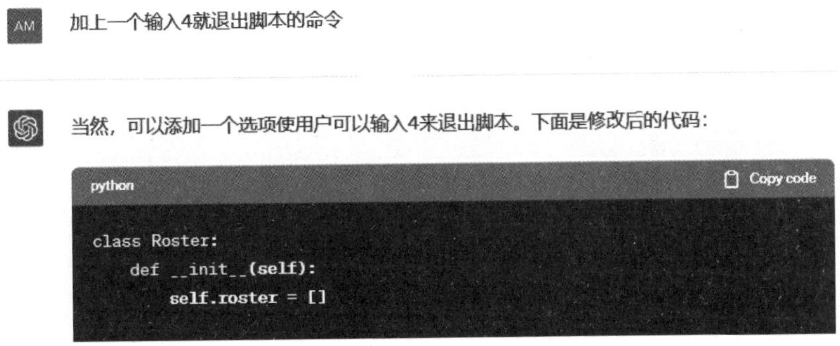

AM　加上一个输入4就退出脚本的命令

好的，可以添加一个选项使用户可以输入4来退出脚本。下面是修改后的代码：

```python
class Roster:
    def __init__(self):
        self.roster = []
```

图 6-13　ChatGPT 给自己写的代码加上退出机制

图 6-13 中代码的提示语都是用的英文书写，我们可以要求 ChatGPT 把提示语改为汉语，如图 6-14 所示。

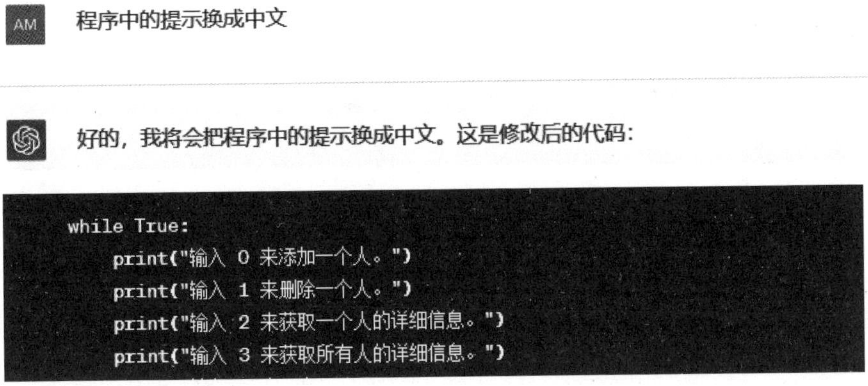

AM　程序中的提示换成中文

好的，我将会把程序中的提示换成中文。这是修改后的代码：

```
while True:
    print("输入 0 来添加一个人。")
    print("输入 1 来删除一个人。")
    print("输入 2 来获取一个人的详细信息。")
    print("输入 3 来获取所有人的详细信息。")
```

图 6-14　ChatGPT 把提示语改为汉语

改进后的代码已经基本满足了我们的要求，这时我们可以将代码复制到 jupyterlab 中试着运行，如图 6-15 所示。

```
输入 0 来添加一个人。
输入 1 来删除一个人。
输入 2 来获取一个人的详细信息。
输入 3 来获取所有人的详细信息。
输入 4 来退出。
请输入选项： 0
请输入名字： 张三
请输入年龄： 12
请输入身高： 120
请输入体重： 123
输入 0 来添加一个人。
输入 1 来删除一个人。
输入 2 来获取一个人的详细信息。
输入 3 来获取所有人的详细信息。
输入 4 来退出。
请输入选项： 2
请输入名字： 张三
{'name': '张三', 'age': '12', 'height': '120', 'weight': '123'}
```

图 6-15　在 jupyterlab 中运行名单管理系统代码

6.4　使用 ChatGPT 写一个猜价格的游戏

　　ChatGPT 无法独立完成全面的游戏开发工作，因为游戏开发通常需要团队合作（包括游戏设计师、程序员、艺术家、声音工程师等），但是对于一些简单的游戏的运行代码，ChatGPT 还是可以编写出来的。

　　比如，现在我们想写一个猜价格的小游戏，游戏要求如下：系统随机地从 50 到 200 之间生成一个整数，然后由玩家来进行数字的猜测；当玩家猜错时，游戏会提醒玩家猜的价格太高了或者太低了，然后玩家继续猜测，直到猜测正确为止；玩家猜对后，系统会恭喜玩家猜测正确并显示玩家共猜测了几次，三次以内（包括三次）的显示"不可置信"，四次到十次的显示"优秀"，十次以上的显示"继续加油！"。ChatGPT

写的猜价格小游戏的代码如图 6–16 所示。

好的，按照你的要求，这里是一个符合你描述的Python游戏的简单实现。它使用了Python的`random`库来生成随机数，然后使用`input`函数来获取玩家的输入。这个游戏会根据玩家猜测的次数给出不同的评价。

```python
import random

def game():
    number_to_guess = random.randint(50, 200)
    guess = None
    attempts = 0

    while guess != number_to_guess:
        guess = int(input("猜一个从50到200的价格："))
        attempts += 1
        if guess < number_to_guess:
            print("猜的价格太低了！再试试。")
        elif guess > number_to_guess:
            print("猜的价格太高了！再试试。")

    print(f"恭喜你，你猜对了！价格是 {number_to_guess}。你总共尝试了 {attempts} 次

    if attempts <= 3:
        print("不可置信！")
    elif attempts <= 10:
        print("优秀！")
    else:
        print("继续加油！")

if __name__ == "__main__":
    game()
```

图 6–16　ChatGPT 写的猜价格小游戏的代码

现在我们把代码复制到 juprterlab 上来运行下，看能否达到我们想要的效果，如图 6–17 所示。

```
[2]: import random

     def game():
         number_to_guess = random.randint(50, 200)
         guess = None
         attempts = 0

         while guess != number_to_guess:
             guess = int(input("猜一个从50到200的价格: "))
             attempts += 1
             if guess < number_to_guess:
                 print("猜的价格太低了! 再试试。")
             elif guess > number_to_guess:
                 print("猜的价格太高了! 再试试。")

         print(f"恭喜你, 你猜对了! 价格是 {number_to_guess}。你总共尝试了 {attempts} 次。")

         if attempts <= 3:
             print("不可置信! ")
         elif attempts <= 10:
             print("优秀! ")
         else:
             print("继续加油! ")

     if __name__ == "__main__":
         game()
```

```
猜一个从50到200的价格:   125
猜的价格太低了! 再试试。
猜一个从50到200的价格:   185
猜的价格太高了! 再试试。
猜一个从50到200的价格:   150
猜的价格太低了! 再试试。
猜一个从50到200的价格:   163
猜的价格太高了! 再试试。
猜一个从50到200的价格:   157
猜的价格太低了! 再试试。
猜一个从50到200的价格:   160
猜的价格太高了! 再试试。
猜一个从50到200的价格:   159
恭喜你, 你猜对了! 价格是 159。你总共尝试了 7 次。
优秀!
```

图 6-17 在 jupyterlab 中运行猜价格小游戏的代码

使用 ChatGPT 还有个非常大的好处，就是当我们在读写其编写的代码时，如果遇到不理解的地方，我们可以让其详细地解释下代码的含义，如图 6-18 所示。

用汉字解释下你刚才写的每一行代码的意思

当然，这里是每行代码的详细解释：

这一行代码引入了Python的random模块，这个模块可以生成随机数。

这一行代码定义了一个新的函数，函数名是"game"。函数是一段可以反复使用的代码。

图 6-18　ChatGPT 详细地解释代码

根据 ChatGPT 对每一行代码的详细解释，我们的问题也迎刃而解，这大大提高了我们的学习效率。

6.5　用 Python 写程序连接 ChatGPT 实现聊天机器人

在学习了前面所有章节的内容之后，我们可以尝试用 PyCharm 软件来写程序，PyCharm 的下载和运行方法如下。

首先我们进入网站 https://www.jetbrains.com/pycharm/ 或者直接搜索 PyCharm 官网进入网站，如图 6-19 所示。

图 6-19　PyCharm 官网界面

进入网站后下滑找到如图 6-20 所示页面。

	PyCharm Professional Edition	PyCharm Community Edition
Intelligent Python editor	✓	✓
Graphical debugger and test runner	✓	✓
Navigation and Refactorings	✓	✓
Code inspections	✓	✓
VCS support	✓	✓
Scientific tools	✓	
Web development	✓	
Python web frameworks	✓	
Python Profiler	✓	
Remote development capabilities	✓	
Database & SQL support	✓	

Download .exe ▼	Download .exe ▼
Free trial	Free, built on open-source

图 6-20　PyCharm 官网下方界面

图 6-20 中有两个下载方式，绿色的选项下载的是专业版，黑色的选项下载的是体验版，二者在功能的多少上会有一定的区别，但是体验版的使用是免费的，专业版如果不购买激活的话只可以免费试用一个月的时间。为了更好地练习和掌握，我们这里下载专业版然后激活即可。下

载好后进行安装，如图 6-21 所示。

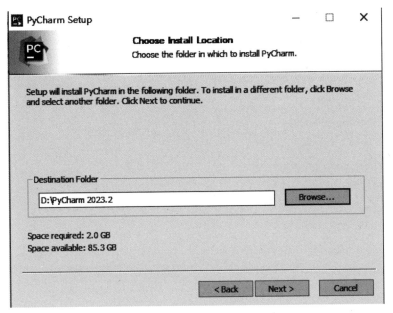

图 6-21 PyCharm 的安装过程

需要注意的是，安装路径尽量不要选择 C 盘，其他软件的安装同理，我们可以将软件安装到其他任何一个磁盘。安装时我们把所有选项都勾上即可，如图 6-22 所示，若是有不懂的选项，我们可以用翻译软件把英文翻译成汉语。

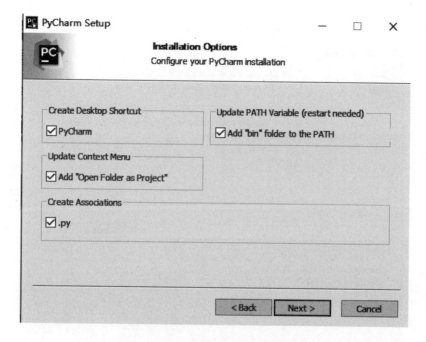

图 6-22　安装时勾选所有选项

安装完成并激活后，打开软件我们会发现所有的文字都是英文，大家若是不适应，可以使用汉化插件来将文字汉化。安装汉化插件的流程如下。

第一步，在界面左上角点击"File"，之后找到 Settings 并点击，如图 6-23 所示。

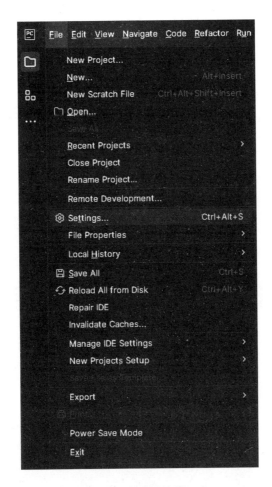

图 6-23　安装插件第一步

　　第二步，点击"Settings"之后搜索 Chinese 并点击"Install"，如图 6-24 所示。

图 6-24　安装插件第二步

第三步，下载好后点击 OK 等待程序重启即可，重启后的界面如图 6-25 所示，此时界面的文字均已变成了汉语。

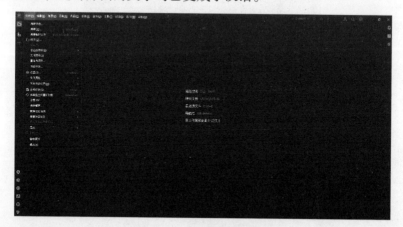

图 6-25　安装插件第三步

我们可以使用 PyCharm 软件写一个程序来连接 ChatGPT 的 API（接口）实现聊天功能，还可以将程序打包成软件让别人使用。需要注意的是，PyCharm 若想编程，需要安装 Python 解释器才行。

首先，我们可以在界面左下方空白处右键选择新建一个 Python 文件并命名为 ChatGPT 接口，如图 6-26、图 6-27 所示。

图 6-26　新建一个 Python 文件

图 6-27　Python 文件的命名

新建项目完成后，我们可以把之前写的猜价格的小游戏的代码粘贴到上面，然后点击右上角的▷运行代码，如图 6-28 所示。

图 6-28　运行代码

代码运行后，界面的下方会出现运行结果，如图 6-29 所示。

图 6-29　代码运行结果

我们在这里输入猜测的数字，然后点击回车即可进行下一步的运行，如图 6-30 所示。

图 6-30　点击回车进行下一步的运行

　　我们发现，代码是可以正常运行的，说明软件安装得并没有问题。接下来我们就可以练习怎么写程序来连接 ChatGPT 实现聊天机器人了。首先，我们需要在界面的左下方点击打开终端来安装 openai 模块，如图6-31 所示。

图 6-31　安装 openai 模块

　　打开终端之后输入 "pip install openai"，再按照回车即可安装，如图 6-32 所示。

图 6-32　安装成功界面

　　安装完成后我们就可以进行编程了。首先，我们用 import openai 来导入 openai 模块，如图 6-33 所示。

图 6-33　导入 openai 模块

完整的代码如图 6-34 所示。

```
ChatGPT接口.py ×
import openai

openai.api_key = os.getenv('ChatGPT-KEY')#括号里面要写我们的key
messages = []
#请求chatgpt api
def send_request(messages):
    message = input('张三: ')
    user_message_dict = {"role":"user","content":message}
    messages.append(user_message_dict)
    resp = openai.ChatComletion.create(
        model = 'gpt-3.5-turbo',   #模型名称
        messages = messages,#输入的问题
        stream = True,#流式返回，指的是一个字一个字的返回答案而不是一下子全返回出来
        temperature = 0.5#温度，范围是0-1，越靠近0越保守，越靠近1越开放
    )
    return resp

while True:
    resp = send_request(messages)
    print('GPT: ')
    for line in resp:
        data = line['choices'][0]['delta'].get('content','')
        print(data,end='')
        if line['choices'][0]['finish_reason'] is not None:
            break
    print()
```

图 6-34 完整的代码

我们也可以使用 ChatGPT 来帮我们写一个调用 openai 的 api 生成聊天工具，如图 6-35 所示。

AM　帮我用Python写一段程序，要求可以连接OPENAI的API实现聊天功能

在写这个程序之前，你需要先确保你已经注册了OpenAI，并获得了一个API密钥。下面是一个基本的程序例子，可以让你使用OpenAI的GPT-3或者GPT-4模型来生成文字：

```python
import openai
import os

# 从环境变量获取你的OpenAI API密钥
openai.api_key = os.getenv("OPENAI_API_KEY")

# 一个简单的聊天功能函数
def chat_with_gpt(message):
    response = openai.Completion.create(
        engine="text-davinci-003", # 或者"text-curie-004"等其他引擎
        prompt=message,
        max_tokens=150
    )

    # 返回生成的消息
    return response.choices[0].text.strip()

# 使用函数
print(chat_with_gpt("你好，今天天气如何？"))
```

在这个代码中，我们先通过环境变量获取你的OpenAI API密钥，然后定义了一个函数，该函数可以用你的信息来请求OpenAI API，并返回生成的响应。

注意：上面的代码示例中，我使用了engine为"text-davinci-003"，这是一个强大的语言模型引擎，对于一些复杂的问题表现良好。但OpenAI还提供了其他的引擎，例如"text-curie-004"等，你可以根据需要选择不同的引擎。

另外，关于`max_tokens`参数，这决定了你的响应的最大长度。如果你希望得到更长的回答，你可以增加这个数字。然而，更多的tokens可能会需要更多的计算资源，也可能导致你的API调用费用增加。

图 6-35　ChatGPT 写调用 openai 的 api 的聊天工具

最后，我们可以将 ChatGPT 写的代码复制到 PyCharm 中看能否正常运行。

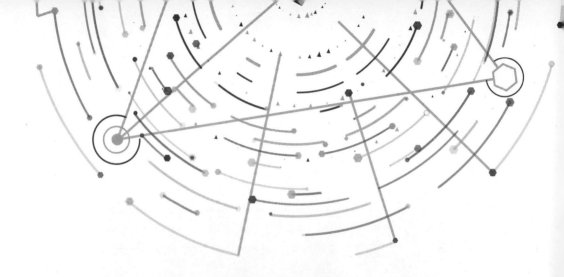

结　语

　　本书是作者以零基础的视角编写而成，写书过程中作者扮演着 Python 零基础的小白，学习了 Python 的相关基础知识，直到有了一定的 Python 基础。当你在读这本书时，你会发现这本书带给你的不是枯燥死板的文字，而是像有一位老师在对你现场教学一般。

　　所以如果你是 Python 小白，那么在学习这本书时会有极大的收获。当然，在学习时千万不要偷懒，对于书里的每一行代码最好都要亲自操作一遍！

　　在结束这本书的写作之际，我首先要感谢每一位读者，是你们的参与阅读赋予了这本书真正的意义。这本书旨在提供 Python 基础知识以及如何使用 ChatGPT 来提高编程效率的指南，能为你们提供这样的知识与工具，我深感荣幸。

　　在书中，我们一同探讨了 Python 的基础语法、变量类型、函数和类等核心概念，深入学习了如何运用这些基础知识解决实际问题、提高编程效率等。这些基础知识就像是一座大厦的地基，为我们后续的学习与探索打下坚实的基础。

　　我们还深入了解了 ChatGPT 的使用，探索了如何利用这个强大的工具来协助编写代码、纠正错误，从而帮助我们更好地理解和掌握 Python。ChatGPT 不仅是一个编程助手，还是我们学习编程、解决问题的重要伙伴。

虽然本书的学习告一段落，但编程的旅程永无止境。无论你是一位初学者，还是一位有经验的程序员，我希望这本书能够激发你的探索精神，帮助你更好地理解和应用 Python，更有效地使用 ChatGPT。

学习编程就像攀登一座山，虽然过程中会有困难和挑战，但只要我们坚持不懈，就能到达山顶，欣赏到绝美的风景。我希望这本书能够成为你攀登这座山的良师益友，陪伴你度过每一个难关，直至你站在山顶，俯瞰万物。

再次感谢你阅读这本书，我期待在未来的某个地方能再次与你相遇。无论你在编程的道路上遇到什么挑战，我都希望你能保持热情，持续学习，永不放弃。因为在编程的世界里，只要我们持之以恒，就没有解决不了的问题。让我们一同在编程的世界里，无畏前行，追求无限可能。

作者

2023 年 12 月